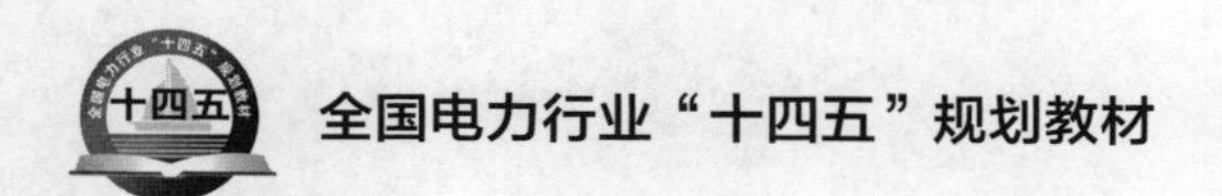

全国电力行业“十四五”规划教材

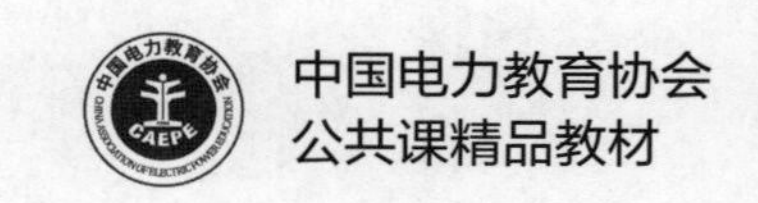

中国电力教育协会
公共课精品教材

复变函数

刘洪伟 丛 晓 主 编
李玲飞 副主编
张 杰 编 写
高云柱 主 审

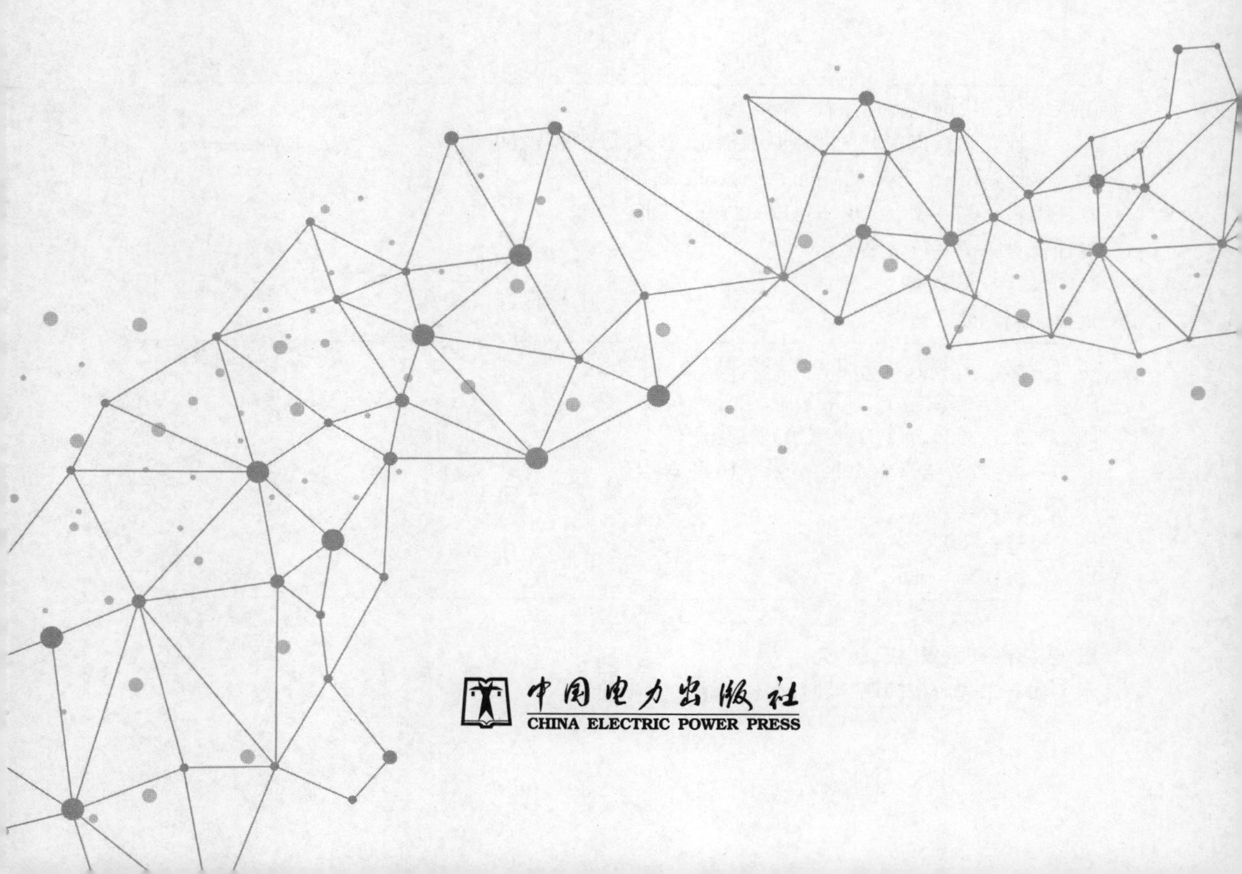

中国电力出版社
CHINA ELECTRIC POWER PRESS

内 容 提 要

本书为全国电力行业“十四五”规划教材。

全书共6章，介绍了复变函数的基本概念、基本理论和基本方法。全书主要内容包括复数与复变函数、解析函数、复变函数的积分、级数、留数、共形映射等，每章后附有习题供学生巩固所学知识。本书充分考虑了现代工程技术对专业人才的要求，在总结作者多年教学经验的基础上，充分吸取了现有教材的优点和教学成果编写而成，概念准确、语言精练、系统性强，特别地对书中的计算型例题进行了Matlab实现，实现了工程数学与现代计算软件技术的相融合。

本书可作为高等工科院校各专业本科生工程数学课教材，也可供有关工程技术人员参考。

图书在版编目（CIP）数据

复变函数/刘洪伟，丛晓主编．—北京：中国电力出版社，2022.12（2025.1重印）
ISBN 978-7-5198-6996-0

Ⅰ.①复…　Ⅱ.①刘…②丛…　Ⅲ.①复变函数—高等学校—教材　Ⅳ.①O174.5

中国版本图书馆CIP数据核字（2022）第144288号

出版发行：中国电力出版社
地　　址：北京市东城区北京站西街19号（邮政编码100005）
网　　址：http://www.cepp.sgcc.com.cn
责任编辑：陈　硕（010-63412532）霍　妍
责任校对：黄　蓓　马　宁
装帧设计：郝晓燕
责任印制：吴　迪

印　　刷：三河市万龙印装有限公司
版　　次：2022年12月第一版
印　　次：2025年1月北京第三次印刷
开　　本：787毫米×1092毫米　16开本
印　　张：12.25
字　　数：230千字
定　　价：35.00元

前　　言

21 世纪是经济多元化、知识多元化的时代，是科学技术突飞猛进的时代。培养基础扎实、勇于创新的人才，是大学教育的一个重要目标。在工科大学的教育体系中，数学课程是基础课程，在培养学生抽象思维能力、逻辑推理能力、空间想象能力和科学计算能力等方面起着重要的作用。

本教材根据教育部高等学校复变函数教学的基本要求，结合现代工科专业与计算软件相融合的特点，结合编者长期从事复变函数课程的教学和研究的经验编写而成。在编写过程中，参考了许多优秀的复变函数教材，尤其是西安交通大学高等数学教研室编写的复变函数，本教材吸取了该书的许多经验，结合了现代计算软件 Matlab 强大的计算功能的特点，使它成为更加适合工科专业的教学用书。

参加本教材编写的人员有东北电力大学理学院刘洪伟（编写第 1、2 章），张杰（编写第 3、4 章），李玲飞（编写第 5、6 章），丛晓（完成了本教材的绘图与编程工作）。北华大学数学系高云柱教授审阅了全书并提出了许多宝贵意见和建议。本教材在编写过程中得到了东北电力大学理学院领导、教师的大力支持，使得这本教材能尽快与读者见面，在此一并表示衷心的感谢。

限于编者水平，本教材可能存在疏漏之处，恳请各位专家、同行及广大读者批评指正。

编者

2022 年 8 月

目　录

1 复数与复变函数

复变函数是以复数为自变量的函数. 复变函数论是分析学的一个分支，故又称为复分析. 复变函数论的建立和发展与解决实际问题的需要有联系，例如复变函数论的主要定理之一的柯西定理，是柯西在研究水传播问题时，设法计算一些积分而发现的，流体力学、电学和空气动力学的研究都促进了这门学科的发展. 在这一章中，首先引入复数与复平面、复球面的概念，研究复数的不同表示方法，如代数式、三角式和指数式；其次引入复平面点集、区域、若尔当曲线以及复变函数的极限与连续性等概念[1-6]，为下面研究解析函数理论打下良好的基础. 下面学习第一节复数及其几何表示.

§1.1 复数及其几何表示

1.1.1 复数的概念

定义 1.1.1 对任意两个实数 x 和 y，称 $z=x+\mathrm{i}y$ 或 $z=x+y\mathrm{i}$ 为复数，这种表示方式称为复数的代数式表示，其中 i 称为虚数单位，并且规定 $\mathrm{i}^2=-1$. 称 x 和 y 分别为复数 z 的实部和虚部，记为 $x=\mathrm{Re}z$ 和 $y=\mathrm{Im}z$. 符号“Re”是表示实部拉丁字 realis 的前两个字母，符号“Im”是表示虚部拉丁字 imaginarius 的前两个字母.

当 $x=0$，$y\neq 0$ 时，称 $z=\mathrm{i}y$ 为纯虚数；当 $x\neq 0$，$y=0$ 时，$z=x+0\mathrm{i}=x$，这时看作是实数 x. 例如，复数 $z=5+0\times\mathrm{i}=5$ 可看作是实数 5，因此我们看到复数是实数的推广.

定义 1.1.2 设有两个复数 $z_1=x_1+\mathrm{i}y_1$，$z_2=x_2+\mathrm{i}y_2$，当 $x_1=x_2$，$y_1=y_2$ 时，称复数 z_1 与 z_2 相等，记作 $z_1=z_2$.

若一个复数 z 等于零，则当且仅当 z 的实部和虚部同时为零.

复数与实数不同，一般说来，任意两个复数不能比较大小.

1.1.2 复数的四则运算

复数的四则运算包括加、减、乘、除，可以按照多项式的四则运算法则进行复数的四则运算.

设复数 $z_1=x_1+\mathrm{i}y_1$，$z_2=x_2+\mathrm{i}y_2$，它们的加法、减法、乘法、除法运算规则如下：

$$z_1+z_2=(x_1+\mathrm{i}y_1)+(x_2+\mathrm{i}y_2)=(x_1+x_2)+\mathrm{i}(y_1+y_2)$$

$$z_1-z_2=(x_1+\mathrm{i}y_1)-(x_2+\mathrm{i}y_2)=(x_1-x_2)+\mathrm{i}(y_1-y_2)$$

$$z_1\cdot z_2=(x_1+\mathrm{i}y_1)(x_2+\mathrm{i}y_2)=(x_1x_2-y_1y_2)+\mathrm{i}(x_1y_2+y_1x_2)$$

如果 $z_2\neq 0$，定义 z_1 除以 z_2 的商为$\frac{z_1}{z_2}$，即

$$\frac{z_1}{z_2}=\frac{x_1+\mathrm{i}y_1}{x_2+\mathrm{i}y_2}=\frac{x_1x_2+y_1y_2}{x_2^2+y_2^2}+\mathrm{i}\,\frac{x_2y_1-x_1y_2}{x_2^2+y_2^2}$$

不难证明，复数的运算也满足交换律、结合律和分配律，即

$$z_1+z_2=z_2+z_1,\ z_1z_2=z_2z_1,$$

$$z_1+(z_2+z_3)=(z_1+z_2)+z_3,\ z_1(z_2z_3)=(z_1z_2)z_3,$$

$$z_1(z_2+z_3)=z_1z_2+z_1z_3$$

1.1.3 共轭复数

定义 1.1.3 设复数 $z=x+\mathrm{i}y$，称复数 $x-\mathrm{i}y$ 为复数 z 的共轭复数，复数 z 的共轭复数记为 $\overline{z}$，即，$\overline{z}=x-\mathrm{i}y$.

共轭复数满足以下运算性质：

$$\overline{z_1\pm z_2}=\overline{z_1}\pm\overline{z_2},\quad \overline{z_1z_2}=\overline{z_1}\,\overline{z_2},\quad \overline{\left(\frac{z_1}{z_2}\right)}=\frac{\overline{z_1}}{\overline{z_2}},z_2\neq 0$$

$$\overline{\overline{z}}=z,z\overline{z}=(\mathrm{Re}z)^2+(\mathrm{Im}z)^2,z+\overline{z}=2\mathrm{Re}z,z-\overline{z}=\mathrm{i}2\mathrm{Im}z$$

【例 1.1.1】 化简 $z=\frac{\mathrm{i}}{1-\mathrm{i}}+\frac{1-\mathrm{i}}{\mathrm{i}}$为代数式.

解 $z=\frac{\mathrm{i}}{1-\mathrm{i}}+\frac{1-\mathrm{i}}{\mathrm{i}}=\frac{\mathrm{i}^2+(1-\mathrm{i})^2}{(1-\mathrm{i})\mathrm{i}}=\frac{-1-2\mathrm{i}}{1+\mathrm{i}}=\frac{(-1-2\mathrm{i})(1-\mathrm{i})}{(1+\mathrm{i})(1-\mathrm{i})}=-\frac{3}{2}-\frac{1}{2}\mathrm{i}.$

【例 1.1.2】 计算 $z=(1+5\mathrm{i})\overline{(2-3\mathrm{i})}+(4+\mathrm{i})^2$.

解 $z=(1+5\mathrm{i})(2+3\mathrm{i})+(4+\mathrm{i})^2=-13+13\mathrm{i}+15+8\mathrm{i}=2+21\mathrm{i}.$

关于复数的四则运算可以应用 Matlab 软件进行求解，在附录 A 中列出有关复数运算的基本命令.

【例 1.1.3】 设 $z_1=x_1+\mathrm{i}y_1$，$z_2=x_2+\mathrm{i}y_2$ 为两个复数，证明：$z_1\overline{z_2}+\overline{z_1}z_2=2\mathrm{Re}(z_1\overline{z_2})$.

证明 代入计算得

$$\begin{aligned}z_1\overline{z_2}+\overline{z_1}z_2&=(x_1+\mathrm{i}y_1)(x_2-\mathrm{i}y_2)+(x_1-\mathrm{i}y_1)(x_2+\mathrm{i}y_2)\\&=2(x_1x_2+y_1y_2)\end{aligned}$$

$$= 2\mathrm{Re}(z_1\overline{z_2})$$

另证

$$z_1\overline{z_2} + \overline{z_1}z_2 = z_1\overline{z_2} + \overline{z_1\overline{z_2}} = 2\mathrm{Re}(z_1\overline{z_2})$$

1.1.4 复平面

一个复数 $z=x+\mathrm{i}y$ 由实部 x 和虚部 y 构成的有序实数对（x，y）唯一确定，从而复数的全体与直角坐标平面上点的全体构成一一对应. 因此，复数 $z=x+\mathrm{i}y$ 可以用直角坐标平面上的点 P（x，y）来表示，由于 x 轴上的点对应实数，y 轴上的点对应纯虚数，因此称 x 轴为实轴，称 y 轴为虚轴，把实轴和虚轴所在的平面称为复平面或 z 平面，以后把点 z 和复数 z 作为同义词，从而能借助于几何方法研究复变函数的问题. 在复平面上，复数 z 与从原点指向点 P（x，y）的平面向量一一对应，因此复数 z 也能用平面上的向量 $\overrightarrow{OP}$ 表示. 复数与向量如图 1 - 1 所示.

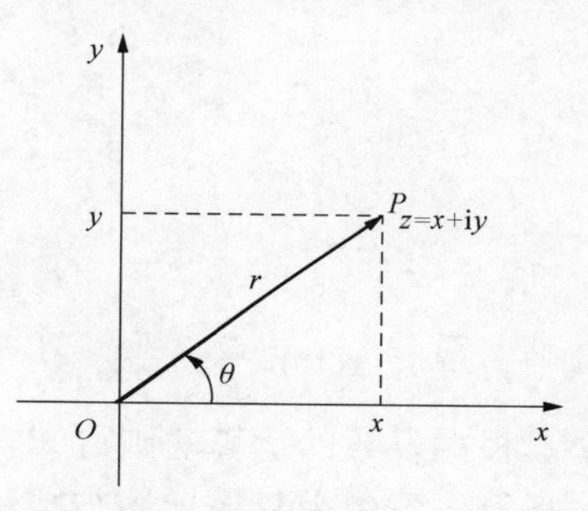

图 1 - 1　复数与向量

1.1.5 复数的模与辐角

定义 1.1.4　在图 1 - 1 中，向量 $\overrightarrow{OP}$ 的长度 r 称为复数 z 的模或绝对值，记作

$$|z| = r = \sqrt{x^2+y^2}$$

由图 1 - 1 可知，下列不等式成立：

$$|x| \leqslant |z|,\ |y| \leqslant |z|,\ |z| \leqslant |x| + |y|$$

定义 1.1.5　当 $z\neq 0$ 时，以正实轴为始边，以表示复数 z 的向量 $\overrightarrow{OP}$ 为终边的角的弧度数 θ 称为复数 z 的辐角，记为 $\mathrm{Arg}z$，即 $\mathrm{Arg}z=\theta$.

我们知道，任何一个复数 $z\neq 0$ 有无穷多个辐角. 若 θ_0 是其中一个辐角，则

$$\mathrm{Arg}z = \theta_0 + 2k\pi, k = 0, \pm 1, \pm 2, \cdots$$

给出了 z 的全部辐角.

在 z 的所有辐角中，满足 $-\pi<\theta_0\leqslant\pi$ 的辐角是唯一的，称其为 $\mathrm{Arg}z$ 的主值，记为 $\theta_0=\arg z$. 于是有

$$\mathrm{Arg}z = \arg z + 2k\pi, k = 0, \pm 1, \pm 2, \cdots$$

规定：当 $z=0$ 时，$|z|=0$，而辐角不确定.

当 $z\neq 0$ 时，复数的辐角主值可以由复数在平面上对应的点所在象限或坐

标轴来确定，具体为

$$\arg z=\begin{cases}\arctan\dfrac{y}{x}, & z\text{ 在第一、四象限}\\ \pi+\arctan\dfrac{y}{x}, & z\text{ 在第二象限}\\ -\pi+\arctan\dfrac{y}{x}, & z\text{ 在第三象限}\\ \dfrac{\pi}{2}, & z\text{ 在正虚轴上}\\ -\dfrac{\pi}{2}, & z\text{ 在负虚轴上}\\ 0, & z\text{ 在正实轴上}\\ \pi, & z\text{ 在负实轴上}\end{cases}$$

其中$-\dfrac{\pi}{2}<\arctan\dfrac{y}{x}<\dfrac{\pi}{2}$.

根据复数的运算法则可知，两个复数 z_1 和 z_2 的加减法运算和向量的加减法运算一致. 由复数加法与减法（分别如图 1-2 和图 1-3 所示）运算和几何意义可见，显然有下列不等式成立：

$$|z_1+z_2|\leqslant|z_1|+|z_2|,\qquad |z_1-z_2|\geqslant||z_1|-|z_2||$$

其中 $|z_1-z_2|$ 表示点 z_1 与 z_2 之间的距离.

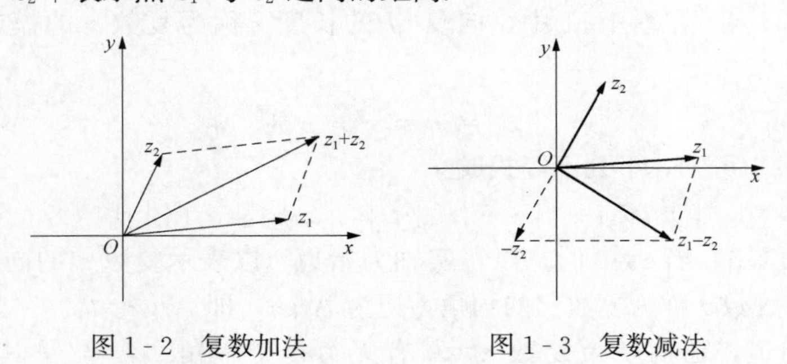

图 1-2　复数加法　　　　图 1-3　复数减法

【例 1.1.4】　求复数 $z=-1+\mathrm{i}\sqrt{3}$的模与辐角.

解　由题意得，$|z|=\sqrt{x^2+y^2}=\sqrt{(-1)^2+(\sqrt{3})^2}=2$，因为复数所对应的点在第二象限，所以辐角主值为

$$\arg z=\arctan\frac{y}{x}+\pi=\pi-\arctan\sqrt{3}=\pi-\frac{1}{3}\pi=\frac{2}{3}\pi$$

进而

$$\operatorname{Arg}z=\arg z+2k\pi=\frac{2}{3}\pi+2k\pi, k=0,\pm1,\pm2,\cdots$$

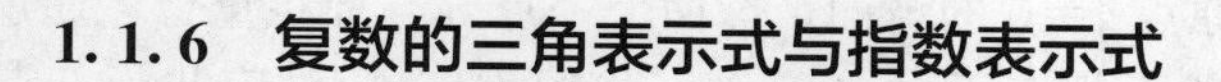

1.1.6 复数的三角表示式与指数表示式

由图 1-1 可知，利用$|z|=r$，辐角 $\theta=\mathrm{Arg}z$，可以表示复数 z 的实部 x 和虚部 y，有

$$\begin{cases} x = r\cos\theta \\ y = r\sin\theta \end{cases}$$

将其代入复数的代数式表示方式中得到

$$z = r\cos\theta + \mathrm{i}r\sin\theta = r(\cos\theta + \mathrm{i}\sin\theta)$$

这种表示方式称为复数的三角表示式.

因此，借助于欧拉公式 $\mathrm{e}^{\mathrm{i}\theta}=\cos\theta+\mathrm{i}\sin\theta$，复数可以表示为

$$z = r\mathrm{e}^{\mathrm{i}\theta}$$

这种表示方式称为复数的指数表示式.

注意：这里 θ 应为 $\mathrm{Arg}z$，以后为了书写方便，将 θ 写为 $\arg z$.

【例 1.1.5】 将复数 $z=-1+\mathrm{i}\sqrt{3}$分别化为三角表示式和指数表示式.

解 应用［例 1.1.4］的结果，得到三角式表示为

$$z = 2\left(\cos\frac{2}{3}\pi + \mathrm{i}\sin\frac{2}{3}\pi\right)$$

指数式表示为

$$z = 2\mathrm{e}^{\mathrm{i}\frac{2}{3}\pi}$$

【例 1.1.6】 将复数 $z=-\sqrt{12}-2\mathrm{i}$ 分别化为三角表示式和指数表示式.

解 由题意得，$|z|=\sqrt{x^2+y^2}=\sqrt{(-\sqrt{12})^2+(-2)^2}=4$，因为复数所对应的点在第三象限，所以

$$\arg z = \arctan\frac{-2}{-\sqrt{12}} - \pi = \arctan\frac{\sqrt{3}}{3} - \pi = -\frac{5}{6}\pi$$

因此，z 的三角表示式为

$$z = 4\left[\cos\left(-\frac{5}{6}\pi\right) + \mathrm{i}\sin\left(-\frac{5}{6}\pi\right)\right]$$

指数表示式为

$$z = 4\mathrm{e}^{-\frac{5}{6}\pi\mathrm{i}}$$

1.1.7 复球面

除了用平面内的点或向量来表示复数外，还可以用球面上的点来表示复数.

取一个与复平面切于原点 $z=0$ 的球面，球面上一点 S 与原点重合，通过 S 作垂直于复平面的直线与球面相交于另一点 N，我们称点 N 对应北极，点 S 对应南极. 对于复平面内的任何一点 z，如果用一条直线段把点 z 与北极连接起来，那么该直线段必定与球面相交于异于 N 的一点 P. 反过来，对于球面上任何一个异于 N 的一点 P，用一直线段把 P 与 N 连接起来，这条直线段的延长线就与复平面相交于一点 z. 这就是说，球面上的点（除去北极外）与复平面内的点之间存在着一一对应关系. 因此，可以用球面上的点表示复数. 复数的球面表示如图 1-4 所示.

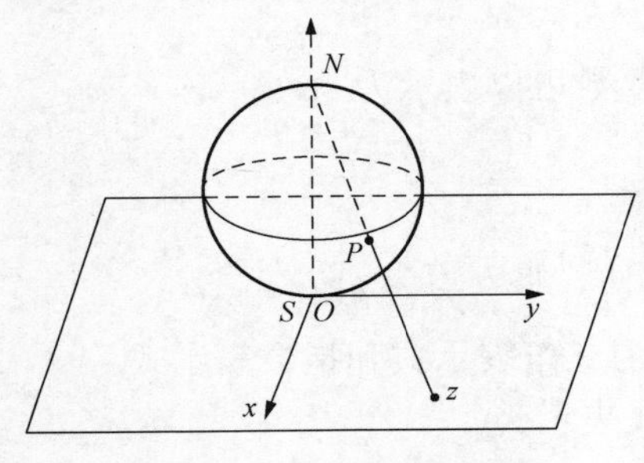

图 1-4　复数的球面表示

但是，对于球面上的北极，还没有复平面内的一个点与它对应. 为了使得复平面与球面上的点都能一一对应起来，我们规定：复平面上有一个唯一的“无穷远点”，它与球面上的北极相对应. 我们又规定：复数中有一个唯一的“无穷大”与复平面上的无穷远点相对应，并记作∞. 因而球面上的北极就是复数无穷大∞的几何表示. 这样一来，球面上的每一个点，都有唯一的一个复数与它对应，这样的球面称为复球面.

在这里把包括无穷远点在内的复平面称为扩充复平面. 不包括无穷远点在内的复平面称为有限复平面或者称为复平面.

对于复数∞来说，实部、虚部与辐角的概念均无意义，只把它的模规定为正无穷大，即$|\infty|=+\infty$，对于其他的复数 z，都有$|z|<+\infty$.

复球面能把扩充复平面的无穷远点明显地表示出来，这就是它比复平面优越的地方.

为了今后的需要，关于∞的四则运算作如下规定：

加法：$\alpha+\infty=\infty+\alpha=\infty \quad (\alpha\neq\infty)$

减法：$\alpha-\infty=\infty-\alpha=\infty \quad (\alpha\neq\infty)$

乘法：$\alpha\times\infty=\infty\times\alpha=\infty \quad (\alpha\neq 0)$

除法：$\dfrac{\alpha}{\infty}=0, \quad \dfrac{\infty}{\alpha}=\infty \quad (\alpha\neq\infty)$

这里引进扩充复平面与无穷远点，在今后的讨论中能够带来一定的方便.

如无特别说明，本书所指的复平面一般是指有限复平面，所谓的点是指有限复平面上的点.

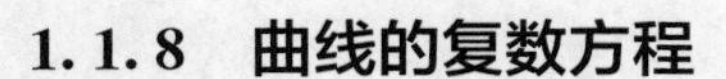

1.1.8 曲线的复数方程

这里研究两个问题：

问题一：已知平面上的曲线方程 $F(x, y)=0$ 或者 $\begin{cases}x=x(t)\\y=y(t)\end{cases}$，如何用复数的形式把曲线方程表示出来？

（1）若已知平面上的曲线方程 $F(x, y)=0$，令 $x=\dfrac{z+\overline{z}}{2}$，$y=\dfrac{z-\overline{z}}{2\mathrm{i}}$，将其代入到曲线方程 $F(x, y)=0$，得到曲线方程的复数表示式为

$$G(z, \overline{z})=0$$

（2）若已知平面上的曲线参数方程 $\begin{cases}x=x(t)\\y=y(t)\end{cases}$，令 $z=x+\mathrm{i}y$，得到曲线方程的复数表示式为

$$z(t)=x(t)+\mathrm{i}y(t)$$

【例 1.1.7】 将直线方程 $8x+y=3$ 化为复数形式.

解 令 $x=\dfrac{z+\overline{z}}{2}$，$y=\dfrac{z-\overline{z}}{2\mathrm{i}}$，将其代入到 $8x+y=3$ 中，整理得

$$(8\mathrm{i}+1)z+(8\mathrm{i}-1)\overline{z}=6\mathrm{i}$$

【例 1.1.8】 将椭圆方程 $\begin{cases}x=a\cos t\\y=b\sin t\end{cases}$ 化为复数形式.

解 椭圆方程的复数形式为

$$z(t)=a\cos t+\mathrm{i}b\sin t, 0\leqslant t<2\pi$$

【例 1.1.9】 将通过两点设 $z_1=x_1+\mathrm{i}y_1$ 与 $z_2=x_2+\mathrm{i}y_2$ 的直线用复数形式的方程来表示.

解 设直线上的任意一点为 (x, y)，通过点 (x_1, y_1) 与点 (x_2, y_2) 的直线可以用参数方程表示为

$$\begin{cases}x=x_1+t(x_2-x_1)\\y=y_1+t(y_2-y_1)\end{cases}$$

其中 $-\infty<t<+\infty$. 因此，它的复数的形式参数方程为

$$z=z_1+t(z_2-z_1), -\infty<t<+\infty$$

由此得到通过点 z_1 和点 z_2 的直线段的参数方程为

$$z=z_1+t(z_2-z_1), 0\leqslant t\leqslant 1$$

当 $t=\dfrac{1}{2}$ 时，线段 z_1z_2 的中点坐标为

$$z=\frac{z_1+z_2}{2}$$

问题二：已知曲线方程的复数形式，如何确定它所表示的平面曲线？

【例 1.1.10】 求出方程$|z-2\mathrm{i}|=|z+2|$所表示的曲线.

解 几何法：该方程表示到点 $2i$ 和-2 距离相等的点的轨迹，故方程表示的曲线就是连接点 2i 和点-2 的线段的垂直平分线.

代数法：令 $z=x+\mathrm{i}y$，代入等式得

$$\sqrt{x^2+(y-2)^2}=\sqrt{(x+2)^2+y^2}$$

即

$$y=-x$$

§1.2 复数的乘幂与方根

1.2.1 复数的乘除

对于复数的乘除法运算，我们把复数表示成三角表示式比直接应用代数式运算更方便. 下面来研究两个复数的乘除法运算.

设有两个复数的三角表示式分别为 $z_1=r_1(\cos\theta_1+\mathrm{i}\sin\theta_1)$，$z_2=r_2(\cos\theta_2+\mathrm{i}\sin\theta_2)$，则有

$$\begin{aligned}z_1z_2&=r_1(\cos\theta_1+\mathrm{i}\sin\theta_1)r_2(\cos\theta_2+\mathrm{i}\sin\theta_2)\\&=r_1r_2[(\cos\theta_1\cos\theta_2-\sin\theta_1\sin\theta_2)+\mathrm{i}(\sin\theta_1\cos\theta_2+\cos\theta_1\sin\theta_2)]\\&=r_1r_2[\cos(\theta_1+\theta_2)+\mathrm{i}\sin(\theta_1+\theta_2)]\end{aligned}$$

于是有

$$|z_1z_2|=|z_1||z_2|,\mathrm{Arg}(z_1z_2)=\mathrm{Arg}(z_1)+\mathrm{Arg}(z_2)$$

复数的乘法如图 1-5 所示.

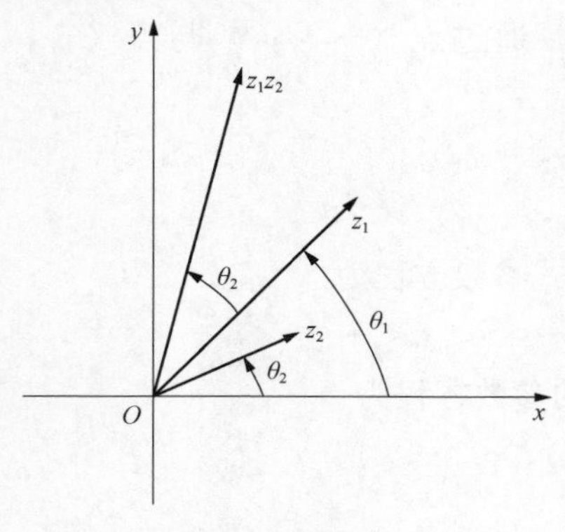

图 1-5 复数的乘法

从而有下面的定理.

定理 1.2.1 两个复数乘积的模等于它们模的乘积；两个复数乘积的辐角等于它们辐角的和.

如果用指数形式表示复数 $z_1=r_1\mathrm{e}^{\mathrm{i}\theta_1}$，$z_2=r_2\mathrm{e}^{\mathrm{i}\theta_2}$，定理 1.2.1 可以表示为

$$z_1z_2=r_1r_2\mathrm{e}^{\mathrm{i}(\theta_1+\theta_2)}$$

由此逐步可证，如果 $z_k=r_k\mathrm{e}^{\mathrm{i}\theta_k}=r_k(\cos\theta_k+\mathrm{i}\sin\theta_k)$，$k=1,2,\cdots,n$. 那么有

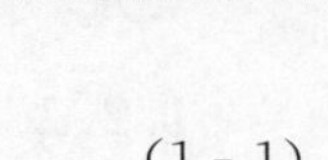

$$z_1 z_2 \cdots z_n = r_1 r_2 \cdots r_n [\cos(\theta_1 + \theta_2 + \cdots + \theta_n) + \mathrm{i}\sin(\theta_1 + \theta_2 + \cdots + \theta_n)] = r_1 r_2 \cdots r_n \mathrm{e}^{\mathrm{i}(\theta_1 + \theta_2 + \cdots + \theta_n)} \tag{1-1}$$

按照商的定义，当 $z_1 \neq 0$ 时，有 $z_2 = \frac{z_2}{z_1} z_1$.

由定理 1.2.1 可得

$$|z_2| = \left|\frac{z_2}{z_1} z_1\right| = \left|\frac{z_2}{z_1}\right| |z_1|$$

$$\mathrm{Arg}(z_2) = \mathrm{Arg}\left(\frac{z_2}{z_1}\right) + \mathrm{Arg}(z_1)$$

于是

$$\left|\frac{z_2}{z_1}\right| = \frac{|z_2|}{|z_1|}, \quad \mathrm{Arg}\left(\frac{z_2}{z_1}\right) = \mathrm{Arg}(z_2) - \mathrm{Arg}(z_1)$$

由此定理 1.2.2 成立.

定理 1.2.2 两个复数商的模等于它们模的商；两个复数商的辐角等于被除数与除数的辐角之差.

如果用指数形式表示复数 $z_1 = r_1 \mathrm{e}^{\mathrm{i}\theta_1}$，$z_2 = r_2 \mathrm{e}^{\mathrm{i}\theta_2}$，定理 1.2.2 可以表示为

$$\frac{z_2}{z_1} = \frac{r_2}{r_1} \mathrm{e}^{\mathrm{i}(\theta_2 - \theta_1)}, r_1 \neq 0$$

【例 1.2.1】 已知正三角形的两个顶点为 $z_1 = 1$，$z_2 = 2 + \mathrm{i}$，求它的另一顶点 z_3.

解 正三角形顶点如图 1-6 所示，将表示 $z_2 - z_1$ 的向量绕 z_1 旋转 $\frac{\pi}{3}$ 或 $-\frac{\pi}{3}$ 就得到另一个向量 $z_3 - z_1$，这个向量的终点即为所求顶点. 由于复数 $\mathrm{e}^{\mathrm{i}\frac{\pi}{3}}$ 的模为 1，转角为 $\frac{\pi}{3}$，根据复数乘法有

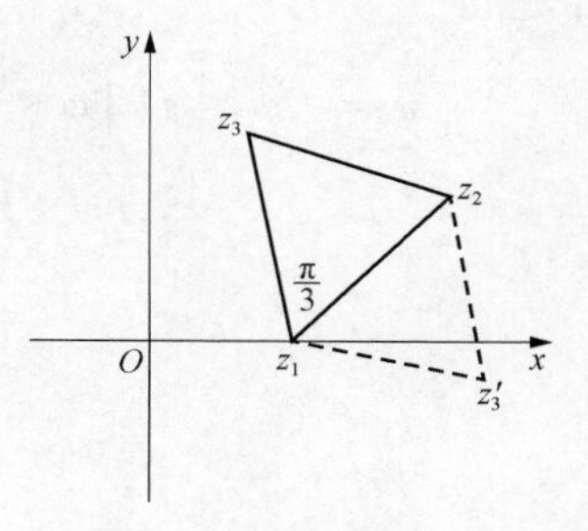

图 1-6 正三角形顶点

$$z_3 - z_1 = (z_2 - z_1)\mathrm{e}^{\mathrm{i}\frac{\pi}{3}} = \left(\frac{1}{2} + \mathrm{i}\frac{\sqrt{3}}{2}\right)(1 + \mathrm{i})$$

或

$$z_3 - z_1 = (z_2 - z_1)\mathrm{e}^{-\mathrm{i}\frac{\pi}{3}} = \left(\frac{1}{2} - \mathrm{i}\frac{\sqrt{3}}{2}\right)(1 + \mathrm{i})$$

于是得到

$$z_3 = \frac{3 - \sqrt{3}}{2} + \mathrm{i}\,\frac{1 + \sqrt{3}}{2} \text{ 或者 } z_3 = \frac{3 + \sqrt{3}}{2} + \mathrm{i}\,\frac{1 - \sqrt{3}}{2}$$

1.2.2 复数的乘幂与方根

n 个相同的复数 z 的乘积称为 z 的 n 次幂，记作 z^n，即 $z^n=z\times z\times\cdots\times z$.

在式（1-1）中，令 $z_k=z=r(\cos\theta+\mathrm{i}\sin\theta)$，$k=1$，2，…，$n$. 则

$$z^n=r^n(\cos n\theta+\mathrm{i}\sin n\theta) \qquad (1-2)$$

如果定义 $z^{-n}=\dfrac{1}{z^n}$，n 为正整数. 当 n 为负整数时，式（1-2）仍然成立.

特别地，当 $|z|=1$ 时，$z=\cos\theta+\mathrm{i}\sin\theta$，而

$$(\cos\theta+\mathrm{i}\sin\theta)^n=\cos n\theta+\mathrm{i}\sin n\theta$$

这就是棣莫佛公式.

定义 1.2.1 设有复数 w 和 z，如果 $w^n=z$，z 为已知复数，那么 w 称为 z 的 n 次方根，记为 $w=\sqrt[n]{z}$.

若令 $z=r(\cos\theta+\mathrm{i}\sin\theta)$，$w=\rho(\cos\varphi+\mathrm{i}\sin\varphi)$，代入 $w^n=z$，得

$$w^n=\rho^n(\cos n\varphi+\mathrm{i}\sin n\varphi)=z=r(\cos\theta+\mathrm{i}\sin\theta)$$

于是

$$\rho^n=r,\cos n\varphi=\cos\theta,\sin n\varphi=\sin\theta$$

即

$$\rho=\sqrt[n]{r},n\varphi=\theta+2k\pi,k=0,\pm1,\pm2,\cdots$$

于是

$$\rho=r^{\frac{1}{n}},\varphi=\frac{\theta+2k\pi}{n},k=0,\pm1,\pm2,\cdots$$

于是得

$$w=\sqrt[n]{z}=r^{\frac{1}{n}}\left[\cos\frac{\theta+2k\pi}{n}+\mathrm{i}\sin\frac{\theta+2k\pi}{n}\right],k=0,\pm1,\pm2,\cdots$$

当 $k=0$，1，2，…，$n-1$ 时，得到 n 个相异的值

$$w_0=r^{\frac{1}{n}}\left[\cos\frac{\theta}{n}+\mathrm{i}\sin\frac{\theta}{n}\right]$$

$$w_1=r^{\frac{1}{n}}\left[\cos\frac{\theta+2\pi}{n}+\mathrm{i}\sin\frac{\theta+2\pi}{n}\right]$$

$$\vdots$$

$$w_{n-1}=r^{\frac{1}{n}}\left[\cos\frac{\theta+2(n-1)\pi}{n}+\mathrm{i}\sin\frac{\theta+2(n-1)\pi}{n}\right]$$

当 k 取其他整数时，这些根又重复出现. 例如，当 $k=n$ 时，有

$$w_n=r^{\frac{1}{n}}\left[\cos\frac{\theta+2n\pi}{n}+\mathrm{i}\sin\frac{\theta+2n\pi}{n}\right]=r^{\frac{1}{n}}\left[\cos\frac{\theta}{n}+\mathrm{i}\sin\frac{\theta}{n}\right]=w_0$$

不难看出方根的几何意义：对于$\sqrt[n]{z}$的n个值就是以原点为中心，以$r^{\frac{1}{n}}$为半径的圆内接正n边形的n个顶点.

【例 1.2.2】　求$\sqrt[4]{1+\mathrm{i}}$.

解　化三角表示式为

$$1+\mathrm{i}=\sqrt{2}\left(\cos\frac{\pi}{4}+\mathrm{i}\sin\frac{\pi}{4}\right)$$

于是

$$\sqrt[4]{1+\mathrm{i}}=\sqrt[8]{2}\left(\cos\frac{\frac{\pi}{4}+2k\pi}{4}+\mathrm{i}\sin\frac{\frac{\pi}{4}+2k\pi}{4}\right),k=0,1,2,3$$

即：当$k=0$，1，2，3时，得到4个相异的根，分别为

$$w_0=\sqrt[8]{2}\left(\cos\frac{\pi}{16}+\mathrm{i}\sin\frac{\pi}{16}\right)$$

$$w_1=\sqrt[8]{2}\left(\cos\frac{9\pi}{16}+\mathrm{i}\sin\frac{9\pi}{16}\right)$$

$$w_2=\sqrt[8]{2}\left(\cos\frac{17\pi}{16}+\mathrm{i}\sin\frac{17\pi}{16}\right)$$

$$w_3=\sqrt[8]{2}\left(\cos\frac{25\pi}{16}+\mathrm{i}\sin\frac{25\pi}{16}\right)$$

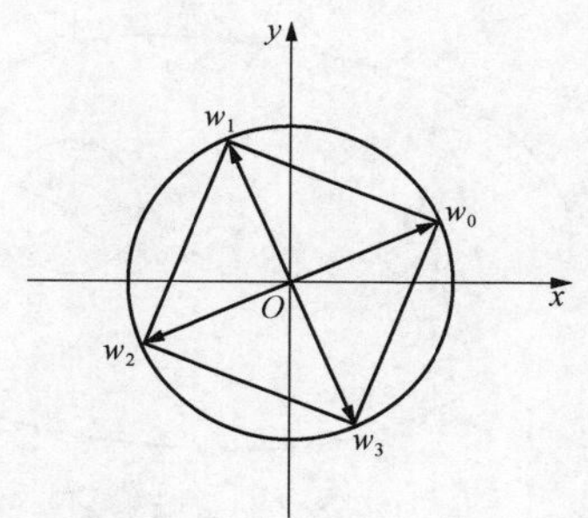

图 1-7　圆内接正四边形顶点

这4个根是中心在原点，半径为$\sqrt[8]{2}$的圆内接正四边形的4个顶点（如图1-7所示），并且满足$w_1=\mathrm{i}w_0$，$w_2=-w_0$，$w_3=-\mathrm{i}w_0$.

§1.3　复平面上的点集与区域

1.3.1　点集的概念

定义 1.3.1　由复平面上有限多个点或无限多个点组成的集合称为点集.

定义 1.3.2　平面上以z_0为中心，δ为半径的圆内部的点构成的集合称为z_0的邻域. z_0的δ邻域可表示为$|z-z_0|<\delta$. 由不等式$0<|z-z_0|<\delta$所确定的点集称为z_0的去心邻域.

定义 1.3.3　设E为一平面点集，z_0为E中任意一点，如果存在z_0的一个邻域，该邻域内的所有点都属于E，那么称z_0为E的内点. 如果E内的每个点都是它的内点，那么称E为开集.

定义 1.3.4　设E为一平面点集，若E内任意两点z_1，z_2都可以用完全属于E的一条折线连接起来，那么称E为连通集.

定义 1.3.5 若平面点集 E 满足下列两个条件：

(1) E 是一个开集；

(2) E 是一个连通集，那么称点集 E 为区域.

定义 1.3.6 设 E 为平面的一个区域，如果点 P 不属于 E，但在 P 的任意小的邻域内总包含 E 中的点，这样的点 P 称为 E 的边界点. E 的边界点的全体构成的集合称为 E 的边界. 区域 E 与它的边界一起构成闭区域，记作 $\overline{E}$.

定义 1.3.7 如果一个区域 E 可以被包含在一个以原点为中心的圆内，即存在正数 M，使得区域 E 内的每个点 z 都满足 $|z|<M$，此时称 E 为有界区域，否则，称 E 为无界区域.

各概念图示见图 1-8.

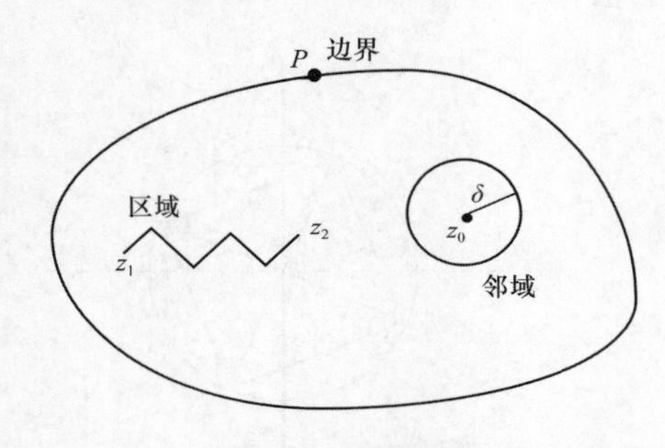

图 1-8 各概念图示

1.3.2 简单闭曲线

定义 1.3.8 如果 $x(t)$ 和 $y(t)$ 是两个连续实变函数，那么方程组

$$\begin{cases} x = x(t) \\ y = y(t) \end{cases}, a \leqslant t \leqslant b, a \text{ 和 } b \in R$$

代表一条平面曲线，称此曲线为连续曲线.

如果令 $z(t)=x(t)+\mathrm{i}y(t)$，$a\leqslant t\leqslant b$，那么这条曲线就可以用一个方程，$z=z(t)$，$a\leqslant t\leqslant b$，来表示，这就是平面曲线方程的复数表示形式.

若 $x'(t)$ 和 $y'(t)$ 都是连续的，且对于任意的 $t(a\leqslant t\leqslant b)$ 都有

$$[x'(t)]^2 + [y'(t)]^2 \neq 0$$

称此曲线为光滑曲线.

由几段依次相接的光滑曲线所组成的曲线称为分段光滑曲线或逐段光滑曲线.

定义 1.3.9 设曲线 C：$z=z(t)$，$a\leqslant t\leqslant b$ 为一条连续曲线，称 $z(a)$ 与 $z(b)$ 为曲线 C 的起点与终点. 对于满足 $a<t_1<b$，$a\leqslant t_2\leqslant b$ 的 t_1 与 t_2，当 $t_1\neq t_2$ 时，有 $z(t_1)=z(t_2)$，点 $z(t_1)$ 称为曲线 C 的重点.

没有重点的连续曲线 C 称为简单曲线. 简单曲线又称若尔当曲线. 如果简单曲线 C 的起点与终点重合，即 $z(a)=z(b)$，那么曲线 C 称为简单闭曲线. 简单闭曲线自身不会相交.

任意一条简单闭曲线 C 把整个复平面唯一地分成三个互不相交的点集，其中除去 C 以外，一个是有界区域，称为曲线 C 的内部；另一个是无界区域，称

为曲线 C 的外部；曲线 C 为它们的公共边界.

定义 1.3.10 当简单闭曲线上的点 P 沿着一个方向前进时，邻近 P 点的曲线内部始终位于 P 点的左侧，把这个前进的方向称为简单闭曲线的正方向，与之相反的方向称为负方向.

特别地，由定义 1.3.10 知，简单闭曲线的正方向为逆时针方向. 一般曲线规定参数增加的方向为曲线的正方向.

1.3.3 连通域

定义 1.3.11 设 B 为复平面上的一个区域，如果在 B 中任作一条简单闭曲线，而曲线的内部总属于 B，此时称 B 为单连通域［见图 1-9（a)］. 否则，称为多连通域［见图 1-9（b)］.

一条简单封闭曲线的内部就是单连通域. 单连通域具有这样的特征：属于 B 的任何一条简单封闭曲线，在 B 内可以经过连续的变形而缩成一点，而多连通域不具有这个特征.

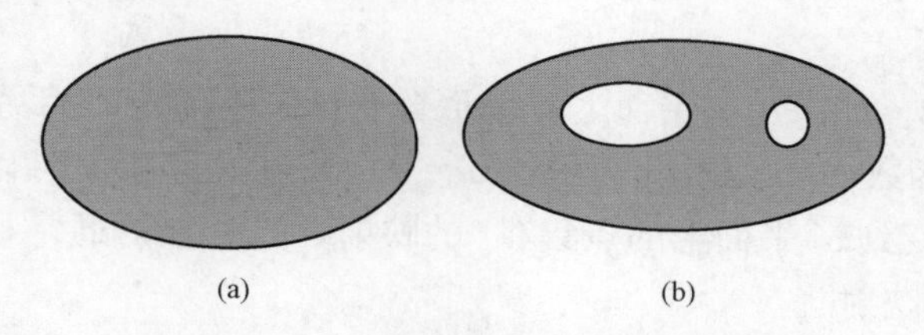

图 1-9 单连通域与多连通域

(a) 单连通域；(b) 多连通域

§1.4 复变函数

1.4.1 复变函数的定义

定义 1.4.1 设 G 是一个复数 $z=x+\mathrm{i}y$ 的集合，若对于 G 中的每一点 z，按照一定法则，都有确定的复数 w 与 z 对应，则称 w 是 z 的复变函数，记为 $w=f(z)$，z 称为自变量.

若 z 的一个值对应一个 w 的值，则称 $w=f(z)$ 为单值函数；若 z 的一个值对应多个 w 的值，则称 $w=f(z)$ 为多值函数. 点集 G 称为 $f(z)$ 的定义集合，对于 G 中所有的 z 的一切 w 值所构成的点集 G^*，称为函数值集合.

在以后的讨论中，定义集合 G、函数值集合 G^* 常常是一个平面区域，故 G 称为 $f(z)$ 的定义域，G^* 称为 $f(z)$ 的值域.

在本书中如无特别说明，所讨论的函数均为单值函数.

由于给定了一个复数 $z=x+\mathrm{i}y$ 就相当于给定了两个实数 x 和 y，而复数 $w=u+\mathrm{i}v$ 同样对应着一对实数 u 和 v，因此 $w=f(z)=u+\mathrm{i}v$ 相当于两个关系式：$u=u(x,y)$，$v=v(x,y)$. 它们确定了自变量为 x 和 y 的两个二元实变函数.

【例 1.4.1】 已知 $w=f(z)=z^2$，求 u 和 v.

解 令 $z=x+\mathrm{i}y$，$w=u+\mathrm{i}v$，则

$$w=u+\mathrm{i}v=(x+\mathrm{i}y)^2=x^2-y^2+\mathrm{i}2xy$$

于是

$$u=x^2-y^2, v=2xy$$

1.4.2 映射的概念

对于复变函数，由于它反映了两对变量 u、v 和 x、y 之间的对应关系，因而无法用同一平面内的几何图形表示出来，必须把它看成两个复平面上的点集之间的对应关系.

定义 1.4.2 如果用 z 平面上点表示自变量 z 的值，而用另一个平面 w 平面上的点表示函数 w 的值，那么函数 $w=f(z)$ 在几何上就可以看作是把 z 平面上的点集 G 变到 w 平面上的点集 G^* 的映射，这个映射通常称为由函数 $w=f(z)$ 所构成的映射.

如果 G 中的点 z 被映射 $w=f(z)$ 映射成 G^* 中的点 w，那么 w 称为 z 的像，z 称为 w 的原像.

【例 1.4.2】 在映射 $w=z^3$ 下，求 z 平面上的直线 $z=t(1+\mathrm{i})$ 映射成 w 平面上的曲线方程.

解 直线 $z=t(1+\mathrm{i})$ 的参数方程为

$$\begin{cases} x=t \\ y=t \end{cases}$$

它在 z 平面上表示直线 $y=x$. 在映射 $w=z^3$ 下，有

$$w=z^3=(1+\mathrm{i})^3t^3=(-2+2\mathrm{i})t^3$$

于是有

$$\begin{cases} u=-2t^3 \\ v=2t^3 \end{cases}$$

即

$$u=-v$$

这就是 w 平面上的直线方程.

跟实变函数一样，复变函数也有反函数的概念.

假设函数 $w=f(z)$ 的定义集合为 z 平面上的集合 G，函数值集合为 w 平面的集合 G^*，那么 G^* 中的每一个点 w 必将对应着 G 中的一个或几个 z，按照函数的定义，在 G^* 上就确定了一个单值或多值函数 $z=\varphi(w)$，它称为函数 $w=f(z)$ 的反函数，也称为映射 $w=f(z)$ 的逆映射.

显然，由反函数的定义可知，对于任意的 $w\in G^*$，都有 $w=f[\varphi(w)]$. 当反函数也是单值函数时，也有 $z=\varphi[f(z)]$，$z\in G$.

今后将不再区分函数与映射.

定义 1.4.3　如果函数（映射）$w=f(z)$ 与它的反函数（逆映射）$z=\varphi(w)$ 都是单值的，那么称函数（映射）$w=f(z)$ 是一一对应的，也称集合 G 与集合 G^* 是一一对应的.

§1.5　复变函数的极限与连续性

1.5.1　复变函数的极限

定义 1.5.1　设函数 $w=f(z)$ 在点 z_0 的去心邻域 $0<|z-z_0|<\rho$ 内有定义,如果存在一个确定的数 A，对任意给定的正数 ε，总存在正数 $\delta(\delta\leqslant\rho)$，当 $0<|z-z_0|<\delta$ 时,有

$$|f(z)-A|<\varepsilon$$

则称 A 为 $f(z)$ 当 z 趋向于 z_0 时的极限，记作

$$\lim_{z\to z_0}f(z)=A$$

或称当 $z\to z_0$ 时，$f(z)\to A$.

这个定义的几何意义：当变点 z 一旦进入 z_0 的充分小的 δ 去心邻域时，它的像点 $f(z)$ 就落入 A 的预先给定的 ε 邻域中，跟一元实变函数极限的几何意义相比十分类似，只是这里用圆形邻域代替了那里的邻区. 连续几何意义如图 1-10所示.

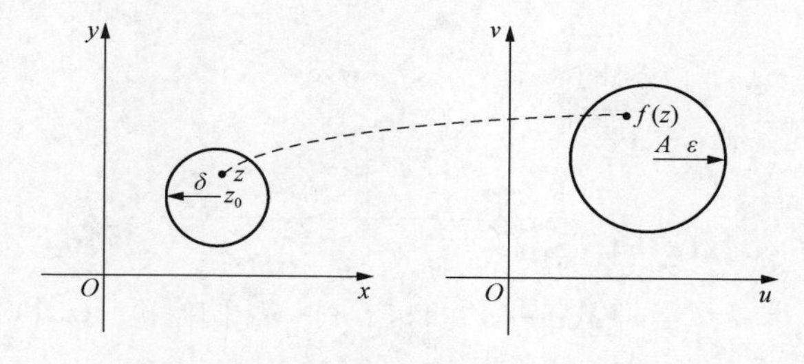

图 1-10　连续几何意义

必须注意：在复变函数极限中，z 趋向于 z_0 的方式是任意的，也就是说，无论 z 从什么方向、以什么方式趋向于 z_0，$f(z)$ 都要趋于同一个常数，这远比一元实变函数极限的定义要苛刻得多. 这个定义也给我们提供了证明极限不存在的方法，沿着不同的路径 z 趋向于 z_0 时，$f(z)$ 趋于不同的常数，说明极限不存在.

定理 1.5.1 设 $f(z)=u(x, y)+\mathrm{i}v(x, y)$，$A=u_0+\mathrm{i}v_0$，$z_0=x_0+\mathrm{i}y_0$，则 $\lim\limits_{z\to z_0} f(z)=A$ 的充要条件是

$$\lim_{\substack{x\to x_0\\y\to y_0}} u(x,y)=u_0,\lim_{\substack{x\to x_0\\y\to y_0}} v(x,y)=v_0$$

证明 必要性 如果 $\lim\limits_{z\to z_0} f(z)=A$，由极限定义得，对任意给定的正数 ε，总存在正数 δ，当 $0<|z-z_0|<\delta$ 时，有 $|f(z)-A|<\varepsilon$.

即当 $0<|z-z_0|=\sqrt{(x-x_0)^2+(y-y_0)^2}<\delta$ 时，有

$$|f(z)-A|=|u-u_0+\mathrm{i}(v-v_0)|<\varepsilon$$

于是有

$$|u-u_0|<\varepsilon, |v-v_0|<\varepsilon$$

由二元实变函数极限定义，得

$$\lim_{\substack{x\to x_0\\y\to y_0}} u(x,y)=u_0,\lim_{\substack{x\to x_0\\y\to y_0}} v(x,y)=v_0$$

充分性 若 $\lim\limits_{\substack{x\to x_0\\y\to y_0}} u(x, y)=u_0$，$\lim\limits_{\substack{x\to x_0\\y\to y_0}} v(x, y)=v_0$ 成立. 当 $\lim\limits_{\substack{x\to x_0\\y\to y_0}} u(x, y)=u_0$ 时，对任意给定的正数 ε，总存在正数 δ_1，当 $0<\sqrt{(x-x_0)^2+(y-y_0)^2}<\delta_1$ 时，有

$$|u-u_0|<\frac{\varepsilon}{2}$$

又因为 $\lim\limits_{\substack{x\to x_0\\y\to y_0}} v(x, y)=v_0$，对同样的 ε，存在正数 δ_2，当 $0<\sqrt{(x-x_0)^2+(y-y_0)^2}<\delta_2$ 时，有

$$|v-v_0|<\frac{\varepsilon}{2}$$

取 $\delta=\min\{\delta_1, \delta_2\}$，当 $0<\sqrt{(x-x_0)^2+(y-y_0)^2}<\delta$ 时，有

$$|f(z)-A|=|u-u_0+\mathrm{i}(v-v_0)|\leqslant|u-u_0|+|v-v_0|<\frac{\varepsilon}{2}+\frac{\varepsilon}{2}=\varepsilon$$

由极限定义可知

$$\lim_{z \to z_0} f(z) = A$$

根据定理 1.5.1 与实变函数中极限的四则运算法则，很容易得到下面的定理.

定理 1.5.2 若$\lim\limits_{z \to z_0} f(z)=A$，$\lim\limits_{z \to z_0} g(z)=B$，则

(1) $\lim\limits_{z \to z_0}[f(z) \pm g(z)]=A \pm B$;

(2) $\lim\limits_{z \to z_0}[f(z)g(z)]=AB$;

(3) $\lim\limits_{z \to z_0}\left[\dfrac{f(z)}{g(z)}\right]=\dfrac{A}{B}(B \neq 0)$.

【例 1.5.1】 证明：函数 $f(z)=\dfrac{\mathrm{Im}z}{|z|}$，当 $z \to 0$ 时，极限不存在.

证明 令 $z=x+\mathrm{i}y$，则 $f(z)=\dfrac{\mathrm{Im}z}{|z|}=\dfrac{y}{\sqrt{x^2+y^2}}$，有

$$u(x,y)=\frac{y}{\sqrt{x^2+y^2}}, v(x,y)=0$$

让 z 沿着 $y=kx$ 趋于 0，于是有

$$\lim_{\substack{x \to 0 \\ y=kx}} u(x,y)=\lim_{\substack{x \to 0 \\ y=kx}} \frac{y}{\sqrt{x^2+y^2}}=\lim_{x \to 0} \frac{kx}{\sqrt{x^2+(kx)^2}}=\pm \frac{k}{\sqrt{1+k^2}}$$

该极限值随着 k 的变化而变化，故$\lim\limits_{\substack{x \to 0 \\ y \to 0}} u(x,y)$ 不存在，而$\lim\limits_{\substack{x \to 0 \\ y \to 0}} v(x,y)=0$，于是$\lim\limits_{z \to 0} f(z)$ 不存在.

另证 令 $z=r(\cos\theta+\mathrm{i}\sin\theta)$，则

$$f(z)=\frac{r\sin\theta}{r}=\sin\theta$$

当 z 沿着正实轴趋于 0 时，$f(z) \to 0$. 当 z 沿着正虚轴趋于 0 时，$f(z) \to 1$. 故$\lim\limits_{z \to 0} f(z)$ 不存在.

1.5.2 复变函数的连续性

定义 1.5.2 设函数 $w=f(z)$ 在点 z_0 的邻域内有定义，如果对于任意给定的正数 ε，总存在正数 δ，当 $|z-z_0|<\delta$ 时，有

$$|f(z)-f(z_0)|<\varepsilon$$

称函数 $w=f(z)$ 在点 z_0 处连续.

若 $w=f(z)$ 在区域 G 内处处连续，则称 $w=f(z)$ 在区域 G 内连续.

若函数 $w=f(z)$ 在点 z_0 处连续，则$\lim\limits_{z \to z_0} f(z)=f(z_0)$.

定理 1.5.3 函数 $w=f(z)=u(x,y)+\mathrm{i}v(x,y)$ 在点 $z_0=x_0+\mathrm{i}y_0$ 处连

续的充要条件是：实部 $u(x, y)$ 和虚部 $v(x, y)$ 都在点 (x_0, y_0) 处连续.

定理 1.5.4 在点 z_0 处连续的两个函数 $f(z)$ 和 $g(z)$ 的和、差、积、商（商的分母在 z_0 不为零）在 z_0 处仍连续.

定理 1.5.5 如果函数 $h=g(z)$ 在 z_0 处连续，函数 $w=f(h)$ 在 h_0 处连续，且 $h_0=g(z_0)$，那么复合函数 $w=f[g(z)]$ 在点 z_0 处连续.

根据上述定理，我们可以推得有理整函数（多项式）

$$w = P(z) = a_0 + a_1 z + \cdots + a_n z^n z \in C$$

在复平面内处处连续.

设 $P(z)$ 和 $Q(z)$ 都是多项式，有理分式 $w=\dfrac{P(z)}{Q(z)}$ 在复平面内除分母为零的点外处处连续.

定义 1.5.3 函数 $f(z)$ 在曲线 C 上点 z_0 处连续是指 $\lim\limits_{z\to z_0} f(z) = f(z_0)$，$z\in C$.

习题 1

1. 求下列复数的实部与虚部、模与辐角及辐角主值.

(1) $z=1+\mathrm{i}\sqrt{3}$；

(2) $z=\dfrac{2}{\mathrm{i}}+\dfrac{6\mathrm{i}}{1-\mathrm{i}}$.

2. 化简 $z=(1+\mathrm{i})^{100}+(1-\mathrm{i})^{100}$.

3. 设 $\dfrac{x+1+\mathrm{i}(y+3)}{5-3\mathrm{i}}=1+\mathrm{i}$，求实数 x 和 y 的值.

4. 计算 $\sqrt{-\mathrm{i}}$.

5. 计算 $\sqrt{1+\mathrm{i}}$.

6. 将下列复数化为三角表示式和指数表示式.

(1) $z=1-\cos\varphi+\mathrm{i}\sin\varphi$，$0<\varphi<\pi$；

(2) $z=\dfrac{(\cos 5\varphi+\mathrm{i}\sin 5\varphi)^2}{(\cos 3\varphi-\mathrm{i}\sin 3\varphi)^3}$.

7. 解方程 $3z^2+\mathrm{i}10z-3=0$.

8. 满足下列条件的点 z 所组成的集合是什么？如果是区域，是单连通域还是多连通域？是有界区域还是无界区域？

(1) $z+\overline{z}>0$；

(2) $|z+1+\mathrm{i}|\leqslant 1$；

(3) $0<\arg z<\dfrac{\pi}{4}$.

9. 证明复平面上的直线方程可写为 $\overline{\alpha}z+\alpha\overline{z}=c$，$\alpha\neq 0$. α 为复数，c 为实数.

10. 证明复平面上的圆周方程可写为 $Az\overline{z}+\overline{\beta}z+\beta\overline{z}+D=0$. β 为复数，A 与 D 为实数.

11. 判断下列函数在给定点处的极限是否存在，若极限存在，则求出极限的值.

(1) $f(z)=\dfrac{z\mathrm{Re}z}{|z|}$，$z\to 0$；

(2) $f(z)=\dfrac{\mathrm{Re}(z^2)}{|z|^2}$，$z\to 0$；

(3) $f(z)=\dfrac{z-\mathrm{i}}{z(z^2+1)}$，$z\to \mathrm{i}$.

12. 设 $\lim\limits_{z\to z_0}f(z)=A$，证明 $f(z)$ 在 z_0 的某一去心邻域内是有界的. 即证明存在一个实常数 $M>0$，使得在 z_0 的某一去心邻域内 $|f(z)|\leqslant M$.

13. 若 $z+\dfrac{1}{z}=2\cos\theta$，证明 $z^m+\dfrac{1}{z^m}=2\cos m\theta$.

14. 证明有理整实系数方程虚根必成共轭对.

15. 设 $f(z)=\dfrac{1}{2\mathrm{i}}\left(\dfrac{z}{\overline{z}}-\dfrac{\overline{z}}{z}\right)$，$z\neq 0$，试证：当 $z\to 0$ 时，$f(z)$ 的极限不存在.

16. 试证 $\arg z$ 在原点与负实轴上不连续.

2 解 析 函 数

解析函数是复变函数课程的重要知识点，它有着很好的性质，在理论研究和工程实际中有着广泛的应用. 本章首先介绍复变函数中导数的概念和求导法则，然后介绍解析函数的概念和判别方法，最后把实变函数中的初等函数推广到复变函数上来，并研究这些初等函数的性质.

§ 2. 1 解析函数的概念

2. 1. 1 复变函数的导数

定义 2. 1. 1 设函数 $w=f(z)$ 为定义在区域 D 内的单值函数，z_0 是 D 内的任意一点，点 $z_0+\Delta z$ 也在区域 D 内，$\Delta z\neq 0$，记 $\Delta w=f(z_0+\Delta z)-f(z_0)$，若极限

$$\lim_{\Delta z\to 0}\frac{\Delta w}{\Delta z}=\lim_{\Delta z\to 0}\frac{f(z_0+\Delta z)-f(z_0)}{\Delta z}$$

存在，则称 $f(z)$ 在点 z_0 处可导，这个极限值称为 $f(z)$ 在点 z_0 处的导数，记作 $f'(z_0)$ 或 $\left.\frac{\mathrm{d}w}{\mathrm{d}z}\right|_{z=z_0}$. 即

$$f'(z_0)=\left.\frac{\mathrm{d}w}{\mathrm{d}z}\right|_{z=z_0}=\lim_{\Delta z\to 0}\frac{\Delta w}{\Delta z}=\lim_{\Delta z\to 0}\frac{f(z_0+\Delta z)-f(z_0)}{\Delta z}$$

应当注意，在复变函数导数的定义中，当 $\Delta z\to 0$ 时，有 $z_0+\Delta z\to z_0$，复变函数极限的定义中要求趋近的方式是任意的. 因此，在导数定义中，极限值的存在要求与 $z_0+\Delta z$ 趋于 z_0 的方式无关. 也就是说当 $z_0+\Delta z$ 在区域 D 内以任何方式趋于 z_0 时，比值 $\frac{f(z_0+\Delta z)-f(z_0)}{\Delta z}$ 都趋于同一个数.

我们不难发现，复变函数 $f(z)$ 的导数与实变函数 $f(x)$ 的导数定义在形式上极其类似，不同的是实变量 $x\to x_0$，只是沿着 x 轴的方向在 x_0 的左右方向趋近 x_0，而复变量 $z\to z_0$ 是沿着任何方向趋于 z_0，对于复变函数导数的这一限制比对一元实变函数导数的限制要严格得多，从而使得复变函数的导数具有很多独特的性质和应用.

若函数 $f(z)$ 在区域 D 内的每一点都可导，则称 $f(z)$ 在区域 D 内可导.

D 内每一点都对应于 $f(z)$ 的一个导数值，因而在区域 D 内定义了一个函数，称为 $f(z)$ 在 D 内的导函数，简称为 $f(z)$ 的导数，记作 $f'(z)$. 于是 $f(z)$在 z_0 处的导数可看作是导函数 $f'(z)$ 在 z_0 处的函数值.

【例 2.1.1】 求 $f(z)=z^2$ 的导数.

解 对于任意的 z，由导数定义知

$$\lim_{\Delta z\to 0}\frac{\Delta w}{\Delta z}=\lim_{\Delta z\to 0}\frac{f(z+\Delta z)-f(z)}{\Delta z}=\lim_{\Delta z\to 0}\frac{(z+\Delta z)^2-z^2}{\Delta z}$$
$$=\lim_{\Delta z\to 0}\frac{2z\Delta z+\Delta z^2}{\Delta z}=\lim_{\Delta z\to 0}(2z+\Delta z)=2z$$

由 z 的任意性，在复平面内处处有

$$f'(z)=(z^2)'=2z$$

【例 2.1.2】 求 $f(z)=z^n$ 的导数，n 为正整数.

解 对于任意的 z，由导数定义知

$$\lim_{\Delta z\to 0}\frac{\Delta w}{\Delta z}=\lim_{\Delta z\to 0}\frac{f(z+\Delta z)-f(z)}{\Delta z}$$
$$=\lim_{\Delta z\to 0}\frac{(z+\Delta z)^n-z^n}{\Delta z}$$
$$=\lim_{\Delta z\to 0}\left[nz^{n-1}+\frac{n(n-1)}{2}z^{n-2}\Delta z+\cdots+(\Delta z)^{n-1}\right]=nz^{n-1}$$

由 z 的任意性，在复平面内处处有

$$f'(z)=(z^n)'=nz^{n-1}$$

【例 2.1.3】 证明 $f(z)=x+\mathrm{i}2y$ 在复平面内处处不可导.

证明 对于复平面内任意的 $z=x+\mathrm{i}y$，记 $\Delta z=\Delta x+\mathrm{i}\Delta y$，由导数定义知

$$\lim_{\Delta z\to 0}\frac{\Delta w}{\Delta z}=\lim_{\Delta z\to 0}\frac{f(z+\Delta z)-f(z)}{\Delta z}$$
$$=\lim_{\Delta z\to 0}\frac{(x+\Delta x)+\mathrm{i}2(y+\Delta y)-(x+\mathrm{i}2y)}{\Delta z}$$
$$=\lim_{\Delta z\to 0}\frac{\Delta x+\mathrm{i}2\Delta y}{\Delta x+\mathrm{i}\Delta y}$$

若沿着平行于 x 轴方向 $\Delta z\to 0$，趋近方式如图 2-1 所示，则 $\Delta y=0$，此时有

$$\lim_{\Delta z\to 0}\frac{\Delta w}{\Delta z}=\lim_{\Delta z\to 0}\frac{f(z+\Delta z)-f(z)}{\Delta z}=\lim_{\Delta x\to 0}\frac{\Delta x}{\Delta x}=1$$

若沿着平行于 y 轴方向 $\Delta z\to 0$，则 $\Delta x=0$，此时有

$$\lim_{\Delta z\to 0}\frac{\Delta w}{\Delta z}=\lim_{\Delta z\to 0}\frac{f(z+\Delta z)-f(z)}{\Delta z}=\lim_{\Delta y\to 0}\frac{\mathrm{i}2\Delta y}{\mathrm{i}\Delta y}=2$$

极限值不唯一，故 $f(z)=x+\mathrm{i}2y$ 在 z 点处不可导，由于 z 的任意性可知，

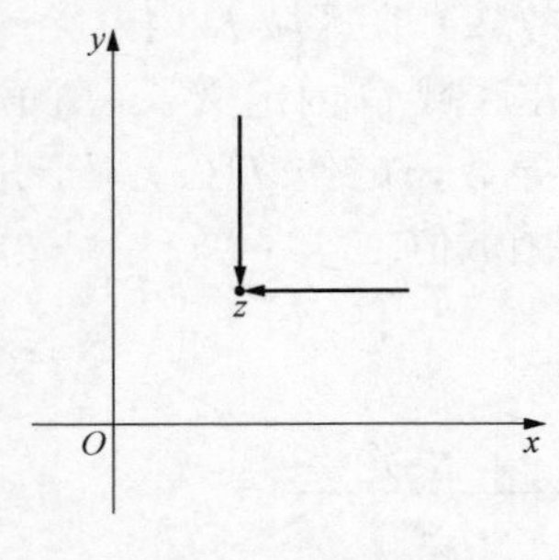

图 2-1　趋近方式

$f(z)=x+\mathrm{i}2y$ 在复平面处处不可导.

2.1.2　可导与连续的关系

由［例 2.1.3］可以看出，函数 $f(z)=x+\mathrm{i}2y$ 在复平面内处处连续却处处不可导. 反过来，我们能够证明，如果 $f(z)$ 在点 z_0 处可导，那么函数 $f(z)$在点 z_0 处必然连续.

定理 2.1.1　如果 $f(z)$ 在点 z_0 处可导，那么函数 $f(z)$ 在点 z_0 处必然连续.

证明　设 $f(z)$ 在点 z_0 处的导数为 $f'(z_0)$，由导数定义可知，对于任意给定的 $\varepsilon>0$，存在一个相应的 $\delta>0$，当 $0<|\Delta z|<\delta$ 时，有

$$\left|\frac{f(z_0+\Delta z)-f(z_0)}{\Delta z}-f'(z_0)\right|<\varepsilon$$

令

$$\rho=\frac{f(z_0+\Delta z)-f(z_0)}{\Delta z}-f'(z_0)$$

且 $\lim\limits_{\Delta z\to 0}\rho=0$，于是有

$$f(z_0+\Delta z)-f(z_0)=f'(z_0)\Delta z+\rho\Delta z$$

两边同时令 $\Delta z\to 0$，得

$$\lim_{\Delta z\to 0}f(z_0+\Delta z)=f(z_0)$$

即 $f(z)$ 在点 z_0 处连续.

2.1.3　求导法则

通过［例 2.1.1］和［例 2.1.2］发现，复变函数的导数在形式上与高等数学中一元函数导数相同，因此可用类似高等数学的方法证明下列求导法则：

（1）$c'=0$，c 为复常数；

（2）$[f(z)\pm g(z)]'=f'(z)\pm g'(z)$；

（3）$[f(z)g(z)]'=f'(z)g(z)+f(z)g'(z)$；

（4）$\left[\dfrac{f(z)}{g(z)}\right]'=\dfrac{f'(z)g(z)-f(z)g'(z)}{g^2(z)}$，$g(z)\neq 0$；

（5）$[f(g(z))]'=f'(w)g'(z)$，其中 $w=g(z)$；

（6）$f'(z)=\dfrac{1}{\varphi'(w)}$，其中 $w=f(z)$ 与 $z=\varphi(w)$ 是两个互为反函数的单值函数，$\varphi'(w)\neq 0$.

【例 2.1.4】 已知 $f(z)=\dfrac{2z}{1-z}$，求 $f'(0)$ 和 $f'(\mathrm{i})$.

解 由题意得

$$f'(z)=\left(\frac{2z}{1-z}\right)'=\frac{2}{(1-z)^2}$$

$$f'(0)=f'(z)\,|_{z=0}=2,f'(\mathrm{i})=\mathrm{i}$$

2.1.4 可导与可微的关系

若函数 $w=f(z)$ 在 z_0 点处可导，则

$$\Delta w=f(z_0+\Delta z)-f(z_0)=f'(z_0)\Delta z+\rho\Delta z$$

称 $f'(z_0)\Delta z$ 为 $w=f(z)$ 在 z_0 点的微分，记作 $\mathrm{d}w=f'(z_0)\Delta z$.

定义 2.1.2 若函数 $f(z)$ 在 z_0 点的微分存在，则称函数 $w=f(z)$ 在 z_0 点可微.

若函数 $f(z)$ 在区域 D 内处处可微，则称 $f(z)$ 在区域 D 内可微.

特别地，当 $w=f(z)=z$ 时，有

$$\mathrm{d}w=\mathrm{d}f(z)=\mathrm{d}z=f'(z)\Delta z=1\times\Delta z=\Delta z$$

于是

$$\mathrm{d}w=f'(z_0)\Delta z=f'(z_0)\mathrm{d}z$$

即

$$f'(z_0)=\frac{\mathrm{d}w}{\mathrm{d}z}$$

由此可见：$f(z)$ 在 z_0 点可导与 $f(z)$ 在 z_0 点可微等价.

2.1.5 解析函数的概念

定义 2.1.3 若函数 $f(z)$ 在 z_0 及 z_0 的邻域内处处可导，则称 $f(z)$ 在 z_0 解析.

如果函数 $f(z)$ 在区域 D 内的每一点都解析，那么称 $f(z)$ 在区域 D 内解析.

$f(z)$ 在区域 D 内解析也可说成 $f(z)$ 是区域 D 内的一个解析函数（全纯函数或正则函数）.

定义 2.1.4 如果 $f(z)$ 在 z_0 不解析，那么 z_0 称为 $f(z)$ 的奇点.

根据解析的定义，若函数在一点处解析，则函数在该点处一定可导. 但反过来不一定成立，即函数在一点可导但在该点不一定解析，因为在一点解析不仅要考虑在这点的可导性，还要考虑这点的邻域内其他点的可导性，因此函数在某点可导与在该点解析不等价. 函数在一点解析比在该点处可导要求要高

得多.

函数在区域内解析与在区域内可导是等价的.

【例 2.1.5】 讨论函数 $f(z)=z^2$ 的解析性.

解 由［例 2.1.1］可知，$f'(z)=2z$，在复平面上处处成立，因此 $f(z)=z^2$ 在复平面上处处解析.

【例 2.1.6】 讨论多项式函数 $P(z)=a_nz^n+\cdots+a_1z+a_0$，$a_n\neq 0$ 的解析性.

解 由求导法则知

$$P'(z)=na_nz^{n-1}+\cdots+2a_2z+a_1$$

在复平面上处处成立，因此 $P(z)$ 在复平面上处处解析.

【例 2.1.7】 讨论函数 $f(z)=\dfrac{1}{z}$ 的解析性.

解 当 $z\neq 0$ 时，有

$$f'(z)=\lim_{\Delta z\to 0}\frac{\dfrac{1}{z+\Delta z}-\dfrac{1}{z}}{\Delta z}=\lim_{\Delta z\to 0}\frac{-1}{(z+\Delta z)z}=-\frac{1}{z^2}$$

在复平面上除去 $z=0$ 外处处可导，因此函数在复平面上除去 $z=0$ 外的区域上解析.

【例 2.1.8】 讨论有理分式 $f(z)=\dfrac{P(z)}{Q(z)}=\dfrac{a_nz^n+\cdots+a_1z+a_0}{b_mz^m+\cdots+b_1z+b_0}$（$a_n\neq 0$，$b_m\neq 0$）的解析性.

解 由［例 2.1.7］的讨论知，函数 $f(z)$ 在复平面上除去使分母为零的点外处处解析.

根据求导法则，不难给出如下的定理.

定理 2.1.2 在区域 D 内解析的两个函数 $f(z)$ 和 $g(z)$ 的和、差、积、商（除去分母为零的点）在 D 内仍然解析.

定理 2.1.3 设函数 $h=g(z)$ 在 z 平面上的区域 D 内解析，函数 $w=f(h)$ 在 h 平面上的区域 G 内解析．若对于 D 内的每一点 z，函数值 $g(z)$ 的对应值 h 都属于 G，那么复合函数 $w=f[g(z)]$ 在 D 内解析.

§2.2 解析函数的充要条件

设函数 $w=f(z)$ 在区域 D 内解析，根据复变函数与二元实变函数的关系，我们要研究解析函数的实部与虚部的两个二元实函数的特点.

2.2.1 可导的判别方法

定理 2.2.1 函数 $f(z)=u(x, y)+\mathrm{i}v(x, y)$ 在点 $z=x+\mathrm{i}y$ 处可导的充

要条件是 $u(x, y)$，$v(x, y)$ 在点 (x, y) 处可微，而且满足柯西 - 黎曼方程（简称为 C - R 方程）

$$\frac{\partial u}{\partial x}=\frac{\partial v}{\partial y},\frac{\partial u}{\partial y}=-\frac{\partial v}{\partial x}$$

证明　必要性　设 $w=f(z)$ 在点 $z=x+\mathrm{i}y$ 处可导，且 $f'(z)=a+\mathrm{i}b$，根据

$$\begin{aligned}\Delta w &= f(z+\Delta z)-f(z)\\ &= f'(z)\Delta z+\rho\Delta z\\ &= (a+\mathrm{i}b)(\Delta x+\mathrm{i}\Delta y)+\rho\Delta z\\ &= (a\Delta x-b\Delta y)+\mathrm{i}(a\Delta y+b\Delta x)+\rho_1+\mathrm{i}\rho_2\end{aligned}$$

其中 $\rho_1=\mathrm{Re}(\rho\Delta z)$，$\rho_2=\mathrm{Im}(\rho\Delta z)$，因为 $\lim\limits_{\Delta z\to 0}\rho=0$，所以有 $\lim\limits_{\Delta z\to 0}\rho_1=0$ 且 $\lim\limits_{\Delta z\to 0}\rho_2=0$，记 $\Delta w=\Delta u+\mathrm{i}\Delta v$，于是有

$$\Delta u=a\Delta x-b\Delta y+\rho_1,\Delta v=a\Delta y+b\Delta x+\rho_2$$

令 $\Delta z\to 0$，故 $u(x, y)$，$v(x, y)$ 在点 (x, y) 处可微，且满足等式

$$a=\frac{\partial u}{\partial x}=\frac{\partial v}{\partial y},\quad -b=\frac{\partial u}{\partial y}=-\frac{\partial v}{\partial x}$$

充分性　设 u，v 在点 (x, y) 处可微，且满足 C - R 方程，则有

$$\Delta u=\frac{\partial u}{\partial x}\Delta x+\frac{\partial u}{\partial y}\Delta y+\rho_1,\Delta v=\frac{\partial v}{\partial x}\Delta x+\frac{\partial v}{\partial y}\Delta y+\rho_2$$

$$\begin{aligned}\Delta w &= \Delta u+\mathrm{i}\Delta v=\left(\frac{\partial u}{\partial x}\Delta x+\frac{\partial u}{\partial y}\Delta y+\rho_1\right)+\mathrm{i}\left(\frac{\partial v}{\partial x}\Delta x+\frac{\partial v}{\partial y}\Delta y+\rho_2\right)\\ &= \left(\frac{\partial u}{\partial x}+\mathrm{i}\,\frac{\partial v}{\partial x}\right)\Delta x+\left(\frac{\partial u}{\partial y}+\mathrm{i}\,\frac{\partial v}{\partial y}\right)\Delta y+(\rho_1+\mathrm{i}\rho_2)\\ &= \left(\frac{\partial u}{\partial x}+\mathrm{i}\,\frac{\partial v}{\partial x}\right)\Delta x+\left(-\frac{\partial v}{\partial x}+\mathrm{i}\,\frac{\partial u}{\partial x}\right)\Delta y+(\rho_1+\mathrm{i}\rho_2)\\ &= \left(\frac{\partial u}{\partial x}+\mathrm{i}\,\frac{\partial v}{\partial x}\right)\Delta x+\mathrm{i}\left(\mathrm{i}\,\frac{\partial v}{\partial x}+\frac{\partial u}{\partial x}\right)\Delta y+(\rho_1+\mathrm{i}\rho_2)\\ &= \left(\frac{\partial u}{\partial x}+\mathrm{i}\,\frac{\partial v}{\partial x}\right)(\Delta x+\mathrm{i}\Delta y)+\rho\Delta z\end{aligned}$$

令 $\Delta z\to 0$，有

$$\frac{\mathrm{d}w}{\mathrm{d}z}=\lim_{\Delta z\to 0}\frac{\Delta w}{\Delta z}=\frac{\partial u}{\partial x}+\mathrm{i}\,\frac{\partial v}{\partial x}$$

即函数 $w=f(z)$ 在点 $z=x+\mathrm{i}y$ 处可导.

注意：判定 $w=f(z)$ 可导的两个条件缺一不可.

由定理 2.2.1 和 C - R 方程可得，函数 $f(z)=u(x, y)+\mathrm{i}v(x, y)$ 的导数公式为

$$f'(z)=\frac{\partial u}{\partial x}+\mathrm{i}\frac{\partial v}{\partial x}=\frac{\partial v}{\partial y}+\frac{1}{\mathrm{i}}\frac{\partial u}{\partial y}=\frac{\partial u}{\partial x}-\mathrm{i}\frac{\partial u}{\partial y}=\frac{\partial v}{\partial y}+\mathrm{i}\frac{\partial v}{\partial x}$$

重新考虑［例 2.1.3］，证明 $f(z)=x+\mathrm{i}2y$ 在复平面内处处不可导.

证明 因为 $u=x$，$v=2y$ 满足可微条件，但是

$$\frac{\partial u}{\partial x}=1,\frac{\partial v}{\partial y}=2,\frac{\partial u}{\partial y}=0,\frac{\partial v}{\partial x}=0$$

在整个复平面上 $\frac{\partial u}{\partial x}\neq\frac{\partial v}{\partial y}$，不满足 C-R 方程，因此 $f(z)=x+\mathrm{i}2y$ 在复平面内处处不可导.

【例 2.2.1】 讨论函数 $f(z)=z\mathrm{Re}z$ 的可导性.

解 令 $z=x+\mathrm{i}y$，则 $f(z)=z\mathrm{Re}z=x^2+\mathrm{i}xy$，于是

$$u=x^2,v=xy$$

即 u，v 在点（x，y）处可微，且

$$\frac{\partial u}{\partial x}=2x,\frac{\partial v}{\partial y}=x,\frac{\partial u}{\partial y}=0,\frac{\partial v}{\partial x}=y$$

只有当 $x=0$，$y=0$ 时，满足 C-R 方程，于是只有在原点 $f(z)=z\mathrm{Re}z$ 有导数，其他点导数都不存在.

2.2.2 函数解析的判别方法

定理 2.2.2 函数 $f(z)=u(x,y)+\mathrm{i}v(x,y)$ 在区域 D 内解析的充要条件是 $u(x,y)$ 和 $v(x,y)$ 在 D 内可微，并且满足 C-R 方程.

为了方便判别解析函数，给出如下常用的结论.

推论 2.2.1 设 $f(z)=u(x,y)+\mathrm{i}v(x,y)$ 在区域 D 内有定义，若在 D 内 $u(x,y)$ 和 $v(x,y)$ 均具有一阶连续偏导数且满足 C-R 方程，则 $f(z)$ 在区域 D 内解析.

【例 2.2.2】 讨论函数 $f(z)=\mathrm{e}^x(\cos y+\mathrm{i}\sin y)$ 的解析性.

解 因为 $u=\mathrm{e}^x\cos y$，$v=\mathrm{e}^x\sin y$，所以

$$\frac{\partial u}{\partial x}=\mathrm{e}^x\cos y,\frac{\partial u}{\partial y}=-\mathrm{e}^x\sin y,\frac{\partial v}{\partial x}=\mathrm{e}^x\sin y,\frac{\partial v}{\partial y}=\mathrm{e}^x\cos y$$

上述 4 个一阶偏导数都连续，且满足 C-R 方程，因此 $f(z)=\mathrm{e}^x(\cos y+\mathrm{i}\sin y)$ 在复平面内处处解析.

其导数为

$$f'(z)=\mathrm{e}^x(\cos y+\mathrm{i}\sin y)=f(z)$$

这个函数的特点是它的导数等于它本身，就是下节将要介绍的复变函数中的指数函数.

【例 2.2.3】 设函数 $f(z)=x^2+axy+by^2+\mathrm{i}(cx^2+dxy+y^2)$，问常数 a，b，c，d 取何值时，$f(z)$ 在复平面内处处解析？

解 因为 $u=x^2+axy+by^2$，$v=cx^2+dxy+y^2$，所以

$$\frac{\partial u}{\partial x}=2x+ay,\frac{\partial u}{\partial y}=ax+2by,\frac{\partial v}{\partial x}=2cx+dy,\frac{\partial v}{\partial y}=dx+2y$$

4 个一阶偏导数存在且连续，需要满足 C-R 方程，于是有

$$2x+ay=dx+2y,ax+2by=-(2cx+dy)$$

即：当 $a=2$，$b=-1$，$c=-1$，$d=2$ 时，函数 $f(z)$ 在复平面内处处解析.

【例 2.2.4】 讨论函数 $f(z)=x^2-\mathrm{i}y$ 的可导性与解析性.

解 因为 $u=x^2$，$v=-y$，u、v 均可微，且

$$\frac{\partial u}{\partial x}=2x,\frac{\partial u}{\partial y}=0,\frac{\partial v}{\partial x}=0,\frac{\partial v}{\partial y}=-1$$

仅在直线 $x=-\frac{1}{2}$ 上可导. 但在整个复平面上处处不解析.

由［例 2.2.4］可知，函数 $f(z)$ 仅在一条直线上可导，各点都未形成由可导点构成的邻域，故 $f(z)$ 在这条直线上不解析，从而在整个复平面上处处不解析.

【例 2.2.5】 如果在区域 D 内 $f'(z)\equiv 0$，那么 $f(z)$ 在 D 内为一常数.

证明 设 $f(z)=u+\mathrm{i}v$，因为

$$f'(z)=\frac{\partial u}{\partial x}+\mathrm{i}\frac{\partial v}{\partial x}=\frac{\partial v}{\partial y}+\frac{1}{\mathrm{i}}\frac{\partial u}{\partial y}=\frac{\partial u}{\partial x}-\mathrm{i}\frac{\partial u}{\partial y}=\frac{\partial v}{\partial y}+\mathrm{i}\frac{\partial v}{\partial x}=0$$

于是有

$$\frac{\partial u}{\partial x}=\frac{\partial u}{\partial y}=0,\frac{\partial v}{\partial x}=\frac{\partial v}{\partial y}=0$$

从而 u 为常数，v 为常数，于是 $f(z)$ 在 D 内为一常数.

【例 2.2.6】 若 $f(z)$ 在 D 内解析，且 $|f(z)|=c$，c 为常数，则 $f(z)$ 在 D 内为一常数.

解 设 $f(z)=u+\mathrm{i}v$，即 $u^2+v^2=c^2$，分别对 x，y 求偏导数有

$$\begin{cases}2u\dfrac{\partial u}{\partial x}+2v\dfrac{\partial v}{\partial x}=0\\2u\dfrac{\partial u}{\partial y}+2v\dfrac{\partial v}{\partial y}=0\end{cases}\tag{2-1}$$

由于 $f(z)$ 解析，满足 C-R 方程 $\frac{\partial u}{\partial x}=\frac{\partial v}{\partial y}$，$\frac{\partial u}{\partial y}=-\frac{\partial v}{\partial x}$，代入式（2-1）得方程组

$$\begin{cases} u\dfrac{\partial u}{\partial x}+v\dfrac{\partial v}{\partial x}=0 \\ v\dfrac{\partial u}{\partial x}-u\dfrac{\partial v}{\partial x}=0 \end{cases}$$

将$\dfrac{\partial u}{\partial x}$，$\dfrac{\partial v}{\partial x}$看作未知量，方程组的系数行列式为

$$\begin{vmatrix} u & v \\ v & -u \end{vmatrix}=-(u^2+v^2)=-c^2$$

若 $c\neq 0$，方程组只有零解，即

$$\frac{\partial u}{\partial x}=\frac{\partial v}{\partial x}=0$$

进而

$$\frac{\partial u}{\partial y}=\frac{\partial v}{\partial y}=0$$

由［例 2.2.5］可知，$f(z)$ 在 D 内为一常数.

若 $c=0$，即 $u^2+v^2=0$，由于 u，v 均为实变函数，故 $u=v=0$，即 $f(z)=0$.

综上所述，$f(z)$ 在 D 内为一常数.

§2.3 初等函数

初等复变函数也是一种最简单、最基本而且常用的函数，在复变函数论中占有很重要的地位. 在高等数学中我们曾经讨论过初等实变函数的性质，对于初等复变函数来说，可以把一些初等实变函数的性质推广到初等复变函数中来，但是我们又发现了初等复变函数很多新的性质. 比如说复变函数中指数函数是周期的，正弦函数和余弦函数都是无界函数，对数函数的多值性等. 下面介绍这些初等复变函数.

2.3.1 指数函数

定义 2.3.1 设复数 $z=x+\mathrm{i}y$，称复变函数

$$f(z)=\exp(z)=\mathrm{e}^x(\cos y+\mathrm{i}\sin y)$$

为指数函数，记为 e^z. 即

$$f(z)=\mathrm{e}^z=\mathrm{e}^{x+\mathrm{i}y}=\mathrm{e}^x(\cos y+\mathrm{i}\sin y)$$

当 $x=0$ 时，即得欧拉公式

$$\mathrm{e}^{\mathrm{i}y}=\cos y+\mathrm{i}\sin y$$

当 $y=0$ 时，$\mathrm{e}^z=\mathrm{e}^x$. 可见，复变指数函数是实变指数函数从实数域扩展到复数域的函数，因此它具有与实变指数函数类似的性质.

下面介绍指数函数的性质：

（1）指数函数 $f(z)=\mathrm{e}^z$ 在复平面内处处解析，且 $f'(z)=\mathrm{e}^z$.

（2）对于任何复数 $z_1=x_1+\mathrm{i}y_1$，$z_2=x_2+\mathrm{i}y_2$，有 $\mathrm{e}^{z_1}\cdot\mathrm{e}^{z_2}=\mathrm{e}^{z_1+z_2}$.

证明

$$\begin{aligned}\mathrm{e}^{z_1}\cdot\mathrm{e}^{z_2}&=\mathrm{e}^{x_1}(\cos y_1+\mathrm{i}\sin y_1)\mathrm{e}^{x_2}(\cos y_2+\mathrm{i}\sin y_2)\\&=\mathrm{e}^{x_1+x_2}[\cos(y_1+y_2)+\mathrm{i}\sin(y_1+y_2)]\\&=\mathrm{e}^{z_1+z_2}\end{aligned}$$

进而有如下性质成立.

$$\mathrm{e}^{-z}=\frac{1}{\mathrm{e}^z},\frac{\mathrm{e}^{z_1}}{\mathrm{e}^{z_2}}=\mathrm{e}^{z_1-z_2}$$

（3）指数函数 $f(z)=\mathrm{e}^z$ 以 $2k\pi\mathrm{i}$ 为周期，k 为正整数. 这是因为

$$\mathrm{e}^{z+2k\pi\mathrm{i}}=\mathrm{e}^z\cdot\mathrm{e}^{2k\pi\mathrm{i}}=\mathrm{e}^z(\cos 2k\pi+\mathrm{i}\sin 2k\pi)=\mathrm{e}^z$$

复变指数函数以 $2k\pi\mathrm{i}$ 为周期，实变指数函数不具有周期这一性质.

（4）指数函数 $f(z)=\mathrm{e}^z$ 的模为 e^x 和辐角为 $y+2k\pi$. 即

$$|\mathrm{e}^z|=\mathrm{e}^x,\mathrm{Arg}\,\mathrm{e}^z=y+2k\pi$$

【例 2.3.1】 已知 $f(z)=\mathrm{e}^z$，求 $f'(z)$ 和 $f'(\mathrm{i})$.

解 由题意得

$$f'(z)=(\mathrm{e}^z)'=\mathrm{e}^z$$

$$f'(\mathrm{i})=f'(z)|_{z=\mathrm{i}}=\mathrm{e}^{\mathrm{i}}=\cos 1+\mathrm{i}\sin 1$$

【例 2.3.2】 计算 $\mathrm{e}^{1+\mathrm{i}\frac{\pi}{3}}$ 的值.

解 由题意得

$$\begin{aligned}\mathrm{e}^{1+\mathrm{i}\frac{\pi}{3}}&=\mathrm{e}\left(\cos\frac{\pi}{3}+\mathrm{i}\sin\frac{\pi}{3}\right)\\&=\frac{\mathrm{e}}{2}(1+\mathrm{i}\sqrt{3})\end{aligned}$$

借助 Matlab 软件给出指数函数图像（见图 2-2），程序参见附录 B. 这有助于理解解析函数的概念.

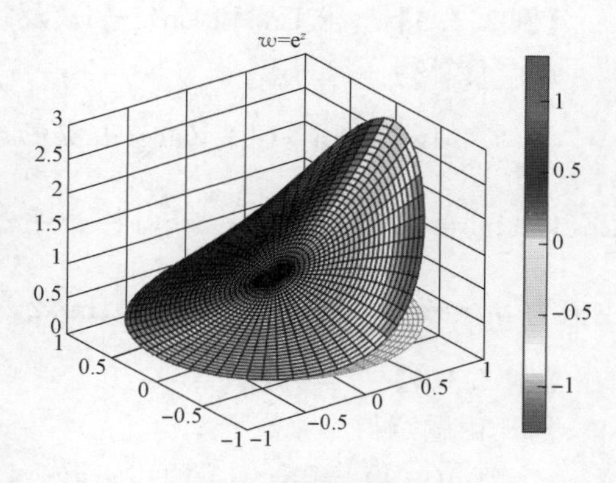

图 2-2 指数函数图像

2.3.2 对数函数

定义 2.3.2 满足方程 $\mathrm{e}^w=z$（z 是不等于零的已知复数）的函数 $w=f(z)$ 称为对数函数，记为

$$w=\mathrm{Ln}z$$

令 $w=u+\mathrm{i}v$，$z=r\mathrm{e}^{\mathrm{i}\theta}$，有

$$\mathrm{e}^{w}=\mathrm{e}^{u+\mathrm{i}v}=\mathrm{e}^{u}(\cos v+\mathrm{i}\sin v)=r\mathrm{e}^{\mathrm{i}\theta}$$

于是有

$$u=\ln r, v=\theta+2k\pi$$

即

$$w=\mathrm{Ln}z=\ln r+\mathrm{i}(\theta+2k\pi)$$

因此有

$$\mathrm{Ln}z=\ln|z|+\mathrm{i}\mathrm{Arg}z$$

于是给出对数函数

$$\mathrm{Ln}z=\ln|z|+\mathrm{i}\mathrm{Arg}z$$

或者

$$\mathrm{Ln}z=\ln|z|+\mathrm{i}(\arg z+2k\pi), k \text{ 为整数}$$

由于辐角 $\mathrm{Arg}z$ 是多值函数，因此对数函数也是多值函数，但每两支相差 $2\pi\mathrm{i}$ 的整数倍，如果规定 $\mathrm{Arg}z$ 取主值 $\arg z$，那么 $\mathrm{Ln}z$ 为一个单值函数，记为 $\ln z$，即

$$\ln z=\ln|z|+\mathrm{i}\arg z$$

称 $\ln z$ 为对数函数 $\mathrm{Ln}z$ 的主值. 于是有

$$\mathrm{Ln}z=\ln z+\mathrm{i}2k\pi, k \text{ 为整数} \tag{2-2}$$

对于每个固定的 k，式（2-2）都是单值函数，称为 $\mathrm{Ln}z$ 的一个分支.

请初学者留意对数函数与主值函数符号书写时的大小写字母.

特别地，当 $z=x>0$ 时，$\mathrm{Ln}z$ 的主值 $\ln z=\ln x$ 就是实变量对数函数.

【例 2.3.3】 求 $\mathrm{Ln}\,\mathrm{i}$ 和 $\mathrm{Ln}(1+\mathrm{i})$ 及它们的主值.

解 计算得

$$\mathrm{Ln}\,\mathrm{i}=\ln|\mathrm{i}|+\mathrm{i}(\arg\mathrm{i}+2k\pi)=\mathrm{i}\left(\frac{\pi}{2}+2k\pi\right), k \text{ 为整数}$$

$$\mathrm{Ln}(1+\mathrm{i})=\ln|1+\mathrm{i}|+\mathrm{i}[\arg(1+\mathrm{i})+2k\pi]=\ln\sqrt{2}+\mathrm{i}\left(\frac{\pi}{4}+2k\pi\right), k \text{ 为整数}$$

主值为 $\ln\mathrm{i}=\frac{\pi}{2}\mathrm{i}$；主值为 $\ln(1+\mathrm{i})=\ln\sqrt{2}+\frac{\pi}{4}\mathrm{i}$.

【例 2.3.4】 解方程 $\mathrm{e}^{z}+1=0$.

解 由题意得

$$z=\mathrm{Ln}(-1)=\ln|-1|+\mathrm{i}[\arg(-1)+2k\pi]=\mathrm{i}(\pi+2k\pi), k \text{ 为整数}$$

此例说明，在复数范围内，负数是可以取对数的，这点与实变对数函数不同.

复变函数的对数函数性质与实变函数对数函数的性质既有类似之处又有不

同之处. 下面介绍对数函数性质.

(1) $\mathrm{Ln}(z_1z_2)=\mathrm{Ln}z_1+\mathrm{Ln}z_2$.

证明

$$\begin{aligned}\mathrm{Ln}(z_1z_2)&=\ln|z_1z_2|+\mathrm{iArg}(z_1z_2)\\&=\ln|z_1|+\ln|z_2|+\mathrm{i}[\mathrm{Arg}(z_1)+\mathrm{Arg}(z_2)]\\&=\mathrm{Ln}z_1+\mathrm{Ln}z_2\end{aligned}$$

(2) $\mathrm{Ln}\left(\dfrac{z_1}{z_2}\right)=\mathrm{Ln}z_1-\mathrm{Ln}z_2$.

证明

$$\begin{aligned}\mathrm{Ln}\left(\frac{z_1}{z_2}\right)&=\ln\left|\frac{z_1}{z_2}\right|+\mathrm{iArg}\left(\frac{z_1}{z_2}\right)\\&=\ln|z_1|-\ln|z_2|+\mathrm{i}[\mathrm{Arg}(z_1)-\mathrm{Arg}(z_2)]\\&=\mathrm{Ln}z_1-\mathrm{Ln}z_2\end{aligned}$$

上述性质也应理解为等式左右两端可能取的函数值的全体是相同的.

在复变函数中, 等式 $\mathrm{Ln}(z^n)=n\mathrm{Ln}z$ 不再成立, 其中 n 为大于 1 的自然数. 例如, 当 $n=2$ 时, 有

$$\begin{aligned}\mathrm{Ln}(z^2)&=\ln|z^2|+\mathrm{iArg}(z^2)\\&=2\ln|z|+\mathrm{i}[\mathrm{Arg}(z)+\mathrm{Arg}(z)]\\&=2\ln|z|+\mathrm{i}[\arg(z)+2k_1\pi+\arg(z)+2k_2\pi]\\&=2\ln|z|+\mathrm{i}[2\arg(z)+2k_1\pi+2k_2\pi]\end{aligned}$$

而

$$2\mathrm{Ln}z=2\ln|z|+\mathrm{i}[2\arg(z)+4k\pi]$$

其中 k_1, k_2, k 为整数. 因为 $2k_1$ 与 $2k_2$ 的和不一定等于 $4k$, 所以等式不成立.

(3) 解析性. 就主值 $\ln z$ 而言, 在除去原点和负实轴的复平面上是解析的. 即

$$\frac{\mathrm{d}\ln z}{\mathrm{d}z}=\frac{1}{z}$$

2.3.3 幂函数

定义 2.3.3 对任意复数 b, 称 $w=z^b=\mathrm{e}^{b\mathrm{Ln}z}(z\neq0)$ 为 z 的幂函数. 由于对数函数 $\mathrm{Ln}z$ 是多值函数, 因此幂函数也是多值函数.

【例 2.3.5】 求 $1^{\sqrt{2}}$ 和 i^{i} 的所有值.

解 根据定义得

$$1^{\sqrt{2}}=\mathrm{e}^{\sqrt{2}\mathrm{Ln}1}=\mathrm{e}^{\sqrt{2}(\ln1+\mathrm{i}2k\pi)}=\mathrm{e}^{\mathrm{i}2\sqrt{2}k\pi}=\cos(2\sqrt{2}k\pi)+\mathrm{i}\sin(2\sqrt{2}k\pi)$$

$$i^i = e^{i\mathrm{Ln}i} = e^{i[\ln|i|+i(\arg i+2k\pi)]} = e^{-\left(\frac{\pi}{2}+2k\pi\right)}$$

其中 k 为整数.

在 Matlab 软件中可以计算得

$$i^i = 0.2079$$

而

$$e^{-\frac{\pi}{2}} = 0.2079$$

可见，在 Matlab 软件中返回的是该函数的主值这一支.

对于幂函数，当 b 取几个特殊的实数值时，我们可以得到如下的几个常见的公式.

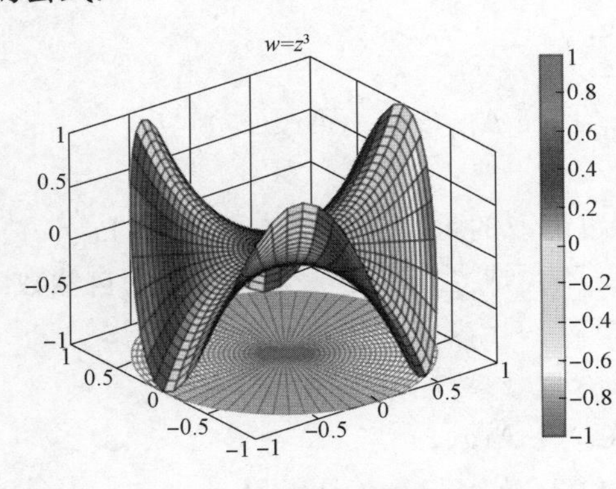

图 2-3　幂函数图像

（1）当 $b=n$ 时，n 为正整数，有

$$\begin{aligned} z^n &= e^{n\mathrm{Ln}z} = e^{n[\ln|z|+i(\arg z+2k\pi)]} \\ &= e^{n\ln|z|}e^{i\arg z} \\ &= |z|^n(\cos n\arg z + i\sin n\arg z) \end{aligned}$$

记 $\theta=\arg z$，得

$$z^n = |z|^n(\cos n\theta + i\sin n\theta)$$

当 $b=n=3$ 时，借助 Matlab 软件给出幂函数的图像（见图 2-3），程序参见附录 B. 有助于理解解析函数的概念.

（2）当 $b=\dfrac{1}{n}$ 时，n 为正整数，有

$$\begin{aligned} z^{\frac{1}{n}} &= e^{\frac{1}{n}\mathrm{Ln}z} = e^{\frac{1}{n}[\ln|z|+i(\arg z+2k\pi)]} \\ &= e^{\frac{1}{n}\ln|z|}e^{i\frac{1}{n}(\arg z+2k\pi)} \\ &= |z|^{\frac{1}{n}}\left(\cos\frac{\theta+2k\pi}{n} + i\sin\frac{\theta+2k\pi}{n}\right) = \sqrt[n]{z} \end{aligned}$$

（3）当 $b=\dfrac{m}{n}$ 时，m 与 n 为互质的整数，且 $n>0$，有

$$\begin{aligned} z^{\frac{m}{n}} &= e^{\frac{m}{n}\mathrm{Ln}z} = e^{\frac{m}{n}[\ln|z|+i(\arg z+2k\pi)]} \\ &= e^{\frac{m}{n}\ln|z|}e^{i\frac{m}{n}(\arg z+2k\pi)} \\ &= |z|^{\frac{m}{n}}\left[\cos\frac{m(\theta+2k\pi)}{n} + i\sin\frac{m(\theta+2k\pi)}{n}\right] \end{aligned}$$

其中 $k=0, 1, \cdots, n-1$.

2.3.4 三角函数

前面我们介绍了指数函数、对数函数、幂函数，现在来介绍三角函数. 应用欧拉公式有

$$e^{iy}=\cos y+i\sin y, e^{-iy}=\cos y-i\sin y$$

将这两个表达式相加、相减分别得到

$$\cos y=\frac{e^{iy}+e^{-iy}}{2}, \sin y=\frac{e^{iy}-e^{-iy}}{2i}$$

把这个结论推广得到复变函数三角函数.

定义 2.3.4 称函数 $\cos z=\frac{e^{iz}+e^{-iz}}{2}$，$\sin z=\frac{e^{iz}-e^{-iz}}{2i}$分别为 z 的正弦函数和余弦函数.

复变函数中三角函数的性质与实变函数中三角函数的性质既有类似之处又有不同之处. 下面介绍三角函数的性质：

（1）$\cos z$ 是偶函数，$\sin z$ 是奇函数. 即 $\cos(-z)=\cos z$，$\sin(-z)=-\sin z$.

（2）$\cos z$ 和 $\sin z$ 都是以 2π 为周期的函数. 即 $\cos(z+2\pi)=\cos z$，$\sin(z+2\pi)=\sin z$.

因为，$\cos(z+2\pi)=\frac{e^{i(z+2\pi)}+e^{-i(z+2\pi)}}{2}=\frac{e^{iz}e^{i2\pi}+e^{-iz}e^{-i2\pi}}{2}=\frac{e^{iz}+e^{-iz}}{2}=\cos z$.

（3）$\cos(z_1+z_2)=\cos z_1\cos z_2-\sin z_1\sin z_2$. $\sin(z_1+z_2)=\sin z_1\cos z_2+\cos z_1\sin z_2$.

（4）$(\sin z)^2+(\cos z)^2=1$.

（5）$\cos z$ 和 $\sin z$ 在复平面内都是解析函数，且 $\cos' z=-\sin z$，$\sin' z=\cos z$.

（6）在复数域内，$\cos z$ 和 $\sin z$ 是无界函数. 即 $|\cos z|\leqslant 1$ 不成立.

因为，令 $z=iy$，$y>0$，有

$$\cos iy=\frac{e^{y}+e^{-y}}{2}>1$$

这里，还可以定义其他复变三角函数.

$$\tan z=\frac{\sin z}{\cos z}, \cot z=\frac{\cos z}{\sin z}, \sec z=\frac{1}{\cos z}, \csc z=\frac{1}{\sin z}$$

其分别称为正切、余切、正割、余割.

这 4 个函数都在复平面上除使分母为零的点外都是解析的函数. 且

$$(\tan z)'=\sec^2 z, (\cot z)'=-\csc^2 z$$

$$(\sec z)'=\sec z\tan z, (\csc z)'=-\csc z\cot z$$

正切与余切的周期为 π，正割与余割的周期为 2π.

这里给出正弦和余弦函数的图像（分别见图 2-4、图 2-5），程序参见附录 B. 便于理解解析函数的概念.

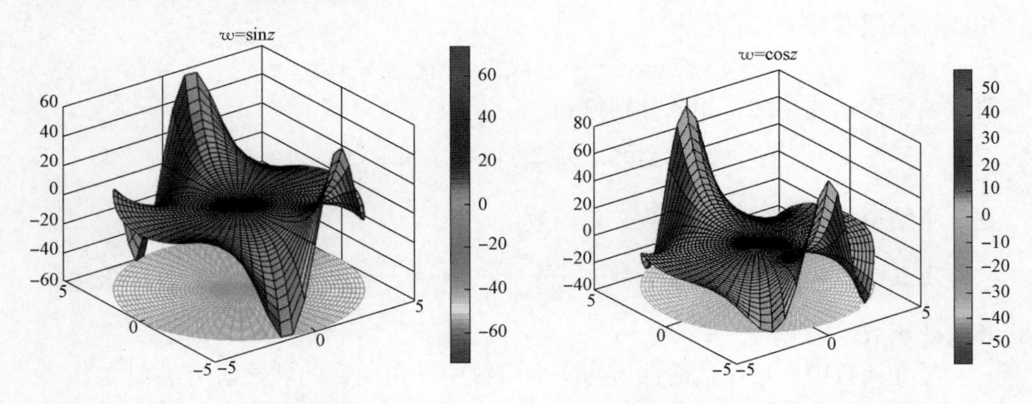

图 2-4　正弦函数图像　　图 2-5　余弦函数图像

2.3.5　反三角函数

设 $z=\cos w$，w 称为 z 的反余弦函数，记作

$$w=\mathrm{Arccos}z=-\mathrm{i}\mathrm{Ln}(z+\sqrt{z^2-1})$$

因为

$$z=\cos w=\frac{\mathrm{e}^{\mathrm{i}w}+\mathrm{e}^{-\mathrm{i}w}}{2}$$

两边乘以 $\mathrm{e}^{\mathrm{i}w}$ 得

$$(\mathrm{e}^{\mathrm{i}w})^2-2z\mathrm{e}^{\mathrm{i}w}+1=0$$

它的根为

$$\mathrm{e}^{\mathrm{i}w}=z+\sqrt{z^2-1}$$

两边取对数，得

$$\mathrm{Arccos}z=-\mathrm{i}\mathrm{Ln}(z+\sqrt{z^2-1})$$

用同样的方法可以定义反正弦函数和反正切函数，表达式为

$$\mathrm{Arcsin}z=-\mathrm{i}\mathrm{Ln}(\mathrm{i}z+\sqrt{1-z^2})$$

$$\mathrm{Arctan}z=-\frac{i}{2}\mathrm{Ln}\frac{1+\mathrm{i}z}{1-\mathrm{i}z}$$

2.3.6　双曲函数与反双曲函数

一般称

$$\mathrm{ch}z=\frac{\mathrm{e}^{z}+\mathrm{e}^{-z}}{2},\ \mathrm{sh}z=\frac{\mathrm{e}^{z}-\mathrm{e}^{-z}}{2},\ \mathrm{th}z=\frac{\mathrm{e}^{z}-\mathrm{e}^{-z}}{\mathrm{e}^{z}+\mathrm{e}^{-z}}$$

函数分别为双曲余弦、双曲正弦和双曲正切.

反双曲函数定义为双曲函数的反函数，可以得到各反双曲函数的表达式如下：

反双曲正弦：$\mathrm{Arsh}z=\mathrm{Ln}(z+\sqrt{1+z^2})$.

反双曲余弦：$\mathrm{Arch}z=\mathrm{Ln}(z+\sqrt{z^2-1})$.

反双曲正切：$\mathrm{Arth}z=\frac{1}{2}\mathrm{Ln}\frac{1+z}{1-z}$.

习题 2

1. 利用导数定义求 $f(z)=z^3$ 的导数.

2. 判断下列函数在何处解析.

(1) $f(z)=xy^2+\mathrm{i}x^2y$;

(2) $f(z)=x^2-y^2+\mathrm{i}2xy$.

3. 指出下列函数的解析区域并求其导数.

(1) $\frac{1}{z-1}$;

(2) $z^3+\mathrm{e}^z$.

4. 证明函数 $f(z)=\sqrt{\mathrm{Re}z\cdot\mathrm{Im}z}$ 在 $z=0$ 处满足 C-R 方程，但在 $z=0$ 处不可导.

5. 设 $f(z)=my^3+nx^2y+\mathrm{i}(x^3+lxy^2)$ 为解析函数，试确定 l，m，n 的值.

6. 证明 C-R 方程的极坐标形式是 $\frac{\partial u}{\partial r}=\frac{1}{r}\frac{\partial v}{\partial \theta}$，$\frac{\partial v}{\partial r}=-\frac{1}{r}\frac{\partial u}{\partial \theta}$.

7. 如果 $f(z)=u+\mathrm{i}v$ 是 z 的解析函数，证明 $\left(\frac{\partial}{\partial x}|f(z)|\right)^2+\left(\frac{\partial}{\partial y}|f(z)|\right)^2=|f'(z)|^2$.

8. 试利用 C-R 方程，证明函数 z^2 在复平面上处处解析，而函数 $\bar{z}^2$ 处处不解析.

9. 求下列各式的值：

(1) $\mathrm{Ln}(-\mathrm{i})$;

(2) $\mathrm{Ln}(1+\mathrm{i})$;

(3) $\mathrm{Ln}(-3+2\mathrm{i})$;

(4) $\mathrm{e}^{2+\mathrm{i}\pi}$;

（5）2^{1-i}.

10. 解下列方程.

（1）$e^z=1+i\sqrt{3}$；

（2）$\sin z=0$.

11. 证明下列等式成立.

（1）$\sin^2 z+\cos^2 z=1$；

（2）$\sin 2z=2\sin z\cos z$.

12. 求 $\sin(1+i)$ 的值.

3 复变函数的积分

微分法与积分法是研究函数性质的重要方法. 第二章介绍了解析函数，解析函数具有很好的性质，解析函数的一些性质是通过复变函数积分来证明的. 本章首先介绍复变函数积分的概念、性质和计算方法；然后介绍柯西 - 古萨定理及复合闭路定理、不定积分、柯西积分公式、高阶导数公式等；最后讨论解析函数与调和函数的关系.

§3.1 复变函数积分的概念

3.1.1 复变函数积分的定义

复变函数的积分都是沿着复平面上的曲线进行的积分，今后不作特别说明时，所提到的曲线都是光滑曲线或分段光滑简单曲线.

根据第 2 章可知：对于复平面上的简单闭曲线 C，逆时针方向为曲线的正方向，记为 C. 顺时针方向为曲线的负方向，记为 C^-.

如果曲线 C 不是闭曲线，那么设曲线 C 的参数方程为

$$z = z(t) = x(t) + \mathrm{i}y(t), \alpha \leqslant t \leqslant \beta$$

通常规定参数 t 增加的方向为曲线 C 正方向，即由起点 $z(\alpha)$ 到终点 $z(\beta)$ 的方向为正方向.

定义 3.1.1 设函数 $w=f(z)$ 定义在区域 D 上，C 为区域 D 内起点为 A、终点为 B 的一条光滑曲线，把曲线 C 任意分成 n 个弧段，设分点为 $A=z_0$，z_1，…，z_{k-1}，z_k，…，$z_n=B$，在每一个小弧段 $\widehat{z_{k-1}z_k}$ 上任取一点 ζ_k，积分曲线如图 3 - 1 所示，作和式有

$$S_n = \sum_{k=1}^{n} f(\zeta_k)\Delta z_k \qquad (3-1)$$

其中 $\Delta z_k = z_k - z_{k-1}$，令 δ 为所有小弧段的弧长的最大值，当分点无限增多而 $\delta \to 0$ 时，

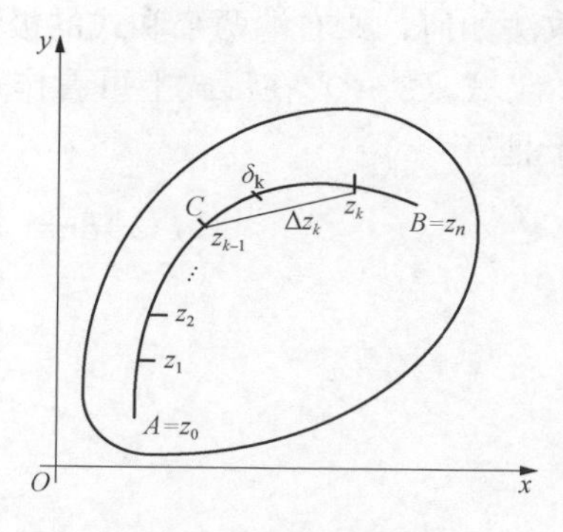

图 3 - 1　积分曲线

如果不论对曲线 C 的分法及 ζ_k 的取法如何，和式 S_n 都有唯一的极限，那么称函数 $f(z)$ 在曲线 C 上可积，称这个极限值为函数 $f(z)$ 沿曲线 C 的积分，记作 $\int_C f(z)\mathrm{d}z$. 即

$$\int_C f(z)\mathrm{d}z = \lim_{n\to\infty} S_n = \lim_{n\to\infty}\sum_{k=1}^{n} f(\zeta_k)\Delta z_k \tag{3-2}$$

若曲线 C 为闭曲线，规定正方向为逆时针方向，则沿着闭曲线 C 的积分记为 $\oint_C f(z)\mathrm{d}z$.

3.1.2 复变函数积分存在条件与计算方法

定理 3.1.1 设 $f(z)=u+\mathrm{i}v$ 是连续函数，曲线 C 是光滑曲线，则复变函数积分 $\int_C f(z)\mathrm{d}z$ 存在，且

$$\int_C f(z)\mathrm{d}z = \int_C u\mathrm{d}x - v\mathrm{d}y + \mathrm{i}\int_C v\mathrm{d}x + u\mathrm{d}y \tag{3-3}$$

证明 令 $\Delta z_k=\Delta x_k+\mathrm{i}\Delta y_k$，$\zeta_k=\xi_k+\mathrm{i}\eta_k$，作和式有

$$\begin{aligned}\sum_{k=1}^{n} f(\zeta_k)\Delta z_k &= \sum_{k=1}^{n}[u(\xi_k,\eta_k)+\mathrm{i}v(\xi_k,\eta_k)](\Delta x_k+\mathrm{i}\Delta y_k)\\ &= \sum_{k=1}^{n}[u(\xi_k,\eta_k)\Delta x_k - v(\xi_k,\eta_k)\Delta y_k]\\ &\quad + \mathrm{i}\sum_{k=1}^{n}[v(\xi_k,\eta_k)\Delta x_k + u(\xi_k,\eta_k)\Delta y_k]\end{aligned}$$

由于 $f(z)=u+\mathrm{i}v$ 是连续函数，知 u，v 都是连续函数，根据线积分存在定理，当 n 无限增大而弧段长度的最大值趋于 0 时，不论对 C 的分法如何及 ζ_k 的取法如何，式右端两个和式的极限都是存在的. 因此式（3-3）成立.

式（3-3）在形式上可看作是 $f(z)=u+\mathrm{i}v$ 与 $\mathrm{d}z=\mathrm{d}x+\mathrm{i}\mathrm{d}y$ 相乘后求积分，于是有

$$\begin{aligned}\int_C f(z)\mathrm{d}z &= \int_C (u+\mathrm{i}v)(\mathrm{d}x+\mathrm{i}\mathrm{d}y)\\ &= \int_C u\mathrm{d}x - v\mathrm{d}y + \mathrm{i}v\mathrm{d}x + \mathrm{i}u\mathrm{d}y\\ &= \int_C u\mathrm{d}x - v\mathrm{d}y + \mathrm{i}\int_C v\mathrm{d}x + u\mathrm{d}y\end{aligned}$$

由定理 3.1.1 可知，积分 $\int_C f(z)\mathrm{d}z$ 可以通过两个二元实函数的线积分来计算.

设曲线 C 的参数方程为

$$z=z(t)=x(t)+\mathrm{i}y(t),\alpha\leqslant t\leqslant\beta$$

将其代入式（3-3）右端，得

$$\begin{aligned}\int_C f(z)\mathrm{d}z&=\int_\alpha^\beta u[x(t),y(t)]x'(t)\mathrm{d}t-v[x(t),y(t)]y'(t)\mathrm{d}t\\&\quad+\mathrm{i}\int_\alpha^\beta v[x(t),y(t)]x'(t)\mathrm{d}t+u[x(t),y(t)]y'(t)\mathrm{d}t\\&=\int_\alpha^\beta\{u[x(t),y(t)]+\mathrm{i}v[x(t),y(t)]\}[x'(t)+\mathrm{i}y'(t)]\mathrm{d}t\\&=\int_\alpha^\beta f[z(t)]z'(t)\mathrm{d}t\end{aligned}$$

所以有

$$\int_C f(z)\mathrm{d}z=\int_\alpha^\beta f[z(t)]z'(t)\mathrm{d}t \tag{3-4}$$

若应用式（3-4）求复变函数积分，首先要将曲线 C 用参数方程来表示.

如果曲线 C 是由 C_1，C_2，…，C_n 依次相互连接所组成的逐段光滑曲线，那么有

$$\int_C f(z)\mathrm{d}z=\int_{C_1} f(z)\mathrm{d}z+\int_{C_2} f(z)\mathrm{d}z+\cdots+\int_{C_n} f(z)\mathrm{d}z$$

今后所讨论的积分，不作特别说明，总假定被积函数是连续的，曲线是光滑的.

【例 3.1.1】 计算积分 $\int_C \mathrm{Re}z\mathrm{d}z$，其中 C 为：

（1）连接原点与点 $1+\mathrm{i}$ 的直线段 C_1；

（2）从原点沿 x 轴到 1 的直线段 C_2 与从 1 到 $1+\mathrm{i}$ 的直线段 C_3 所连接成的折线.

积分路径见图 3-2.

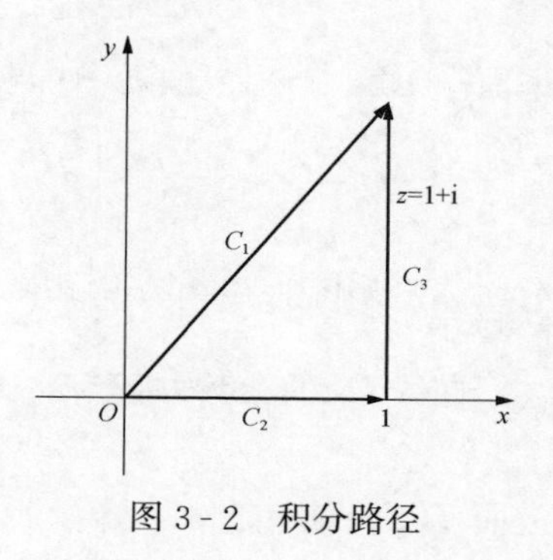

图 3-2 积分路径

解 （1）设 $z_1=0$，$z_2=1+\mathrm{i}$，通过这两点的直线段 C_1 的参数方程为

$$z=z_1+t(z_2-z_1)=t(1+\mathrm{i}),0\leqslant t\leqslant 1$$

进而 $f(z)=\mathrm{Re}z=t$，$\mathrm{d}z=(1+\mathrm{i})\mathrm{d}t$，所以有

$$\int_{C_1}\mathrm{Re}z\mathrm{d}z=\int_0^1 t(1+\mathrm{i})\mathrm{d}t=\frac{1+\mathrm{i}}{2}t^2\Big|_0^1=\frac{1+\mathrm{i}}{2}$$

(2) $\int_C \mathrm{Re}z\mathrm{d}z = \int_{C_2} \mathrm{Re}z\mathrm{d}z + \int_{C_3} \mathrm{Re}z\mathrm{d}z$.

曲线 C_2 的参数方程为

$$z = z_1 + t(z_2 - z_1) = t, 0 \leqslant t \leqslant 1$$

进而 $f(z)=\mathrm{Re}z=t$，$\mathrm{d}z=\mathrm{d}t$，所以有

$$\int_{C_2} \mathrm{Re}z\mathrm{d}z = \int_0^1 t\mathrm{d}t = \frac{1}{2}t^2 \Big|_0^1 = \frac{1}{2}$$

曲线 C_3 的参数方程为

$$z = z_1 + t(z_2 - z_1) = 1 + \mathrm{i}t, 0 \leqslant t \leqslant 1$$

进而 $f(z)=\mathrm{Re}z=1$，$\mathrm{d}z=\mathrm{i}\mathrm{d}t$，所以有

$$\int_{C_3} \mathrm{Re}z\mathrm{d}z = \int_0^1 \mathrm{i}\mathrm{d}t = \mathrm{i}t \Big|_0^1 = \mathrm{i}$$

于是

$$\int_C \mathrm{Re}z\mathrm{d}z = \int_{C_2} \mathrm{Re}z\mathrm{d}z + \int_{C_3} \mathrm{Re}z\mathrm{d}z = \frac{1}{2} + \mathrm{i}$$

由此例可以看出：尽管两条路线起点、终点相同，但积分值确不相同，说明该积分与路径有关.

关于复变函数积分的运算可以应用 Matlab 软件进行求解，在附录 C 中列出有关积分的基本命令.

【例 3.1.2】 计算积分 $\int_C z\mathrm{d}z$，其中 C 为

(1) 连接原点与点 $1+\mathrm{i}$ 的直线段 C_1；

(2) 从原点沿 x 轴到 1 的直线段 C_2 与从 1 到 $1+\mathrm{i}$ 的直线段 C_3 所连接成的折线.

解 (1) 设 $z_1=0$，$z_2=1+\mathrm{i}$，通过这两点的直线段 C_1 的参数方程为

$$z = z_1 + t(z_2 - z_1) = t(1+\mathrm{i}), 0 \leqslant t \leqslant 1$$

进而 $f(z)=z=t(1+\mathrm{i})$，$\mathrm{d}z=(1+\mathrm{i})\mathrm{d}t$，所以有

$$\int_{C_1} z\mathrm{d}z = \int_0^1 t(1+\mathrm{i})(1+\mathrm{i})\mathrm{d}t = \frac{(1+\mathrm{i})^2}{2}t^2 \Big|_0^1 = \mathrm{i}$$

(2) $\int_C z\mathrm{d}z = \int_{C_2} z\mathrm{d}z + \int_{C_3} z\mathrm{d}z$.

曲线 C_2 的参数方程为

$$z = z_1 + t(z_2 - z_1) = t, 0 \leqslant t \leqslant 1$$

进而 $f(z)=z=t$，$\mathrm{d}z=\mathrm{d}t$，所以有

$$\int_{C_2} z\mathrm{d}z = \int_0^1 t\mathrm{d}t = \frac{1}{2}t^2 \mid_0^1 = \frac{1}{2}$$

曲线 C_3 的参数方程为

$$z = z_1 + t(z_2 - z_1) = 1 + \mathrm{i}t, 0 \leqslant t \leqslant 1$$

进而 $f(z)=z=1+\mathrm{i}t$，$\mathrm{d}z=\mathrm{i}\mathrm{d}t$，所以有

$$\int_{C_3} z\mathrm{d}z = \int_0^1 (1+\mathrm{i}t)\mathrm{i}\mathrm{d}t = \mathrm{i}t \mid_0^1 - \frac{1}{2}t^2 \mid_0^1 = \mathrm{i} - \frac{1}{2}$$

于是

$$\int_C z\mathrm{d}z = \int_{C_2} z\mathrm{d}z + \int_{C_3} z\mathrm{d}z = \frac{1}{2} + \left(i - \frac{1}{2}\right) = \mathrm{i}$$

由此例可以看出：两条路线起点、终点相同，积分值相同，说明该积分与路径无关.

【例 3.1.3】 计算 $\oint_C \frac{1}{(z-z_0)^{n+1}}\mathrm{d}z$，其中曲线 C 为以 z_0 为中心，r 为半径的正向圆周，n 为整数.

解 积分圆周见图 3-3. 曲线 C 的参数方程为

$$z = z_0 + re^{\mathrm{i}\theta}, 0 \leqslant \theta < 2\pi$$

于是

$$\begin{aligned}\oint_C \frac{1}{(z-z_0)^{n+1}}\mathrm{d}z &= \int_0^{2\pi} \frac{\mathrm{i}r\mathrm{e}^{\mathrm{i}\theta}}{r^{n+1}\mathrm{e}^{\mathrm{i}(n+1)\theta}}\mathrm{d}\theta \\ &= \frac{\mathrm{i}}{r^n}\int_0^{2\pi} \mathrm{e}^{-\mathrm{i}n\theta}\mathrm{d}\theta \\ &= \frac{\mathrm{i}}{r^n}\int_0^{2\pi} (\cos n\theta - \sin n\theta)\mathrm{d}\theta\end{aligned}$$

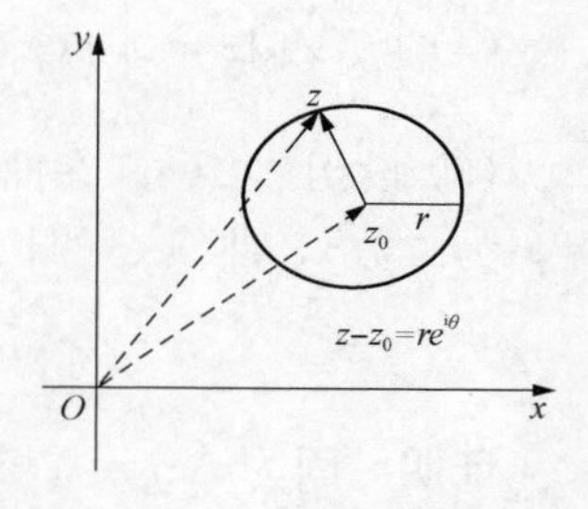

图 3-3 积分圆周

当 $n=0$ 时，有

$$\oint_C \frac{1}{(z-z_0)^{n+1}}\mathrm{d}z = \mathrm{i}\int_0^{2\pi} 1\mathrm{d}\theta = 2\pi\mathrm{i}$$

当 $n\neq0$ 时，有

$$\oint_C \frac{1}{(z-z_0)^{n+1}}\mathrm{d}z = \frac{\mathrm{i}}{r^n}\int_0^{2\pi} (\cos n\theta - \sin n\theta)\mathrm{d}\theta = 0$$

于是

$$\oint_C \frac{1}{(z-z_0)^{n+1}}\mathrm{d}z = \begin{cases} 2\pi\mathrm{i}, n = 0 \\ 0, n \neq 0 \end{cases}$$

这个结果的特点是这个积分与积分路径圆周的中心和半径无关.

【例 3.1.4】 求积分 $\oint\limits_{|z-z_0|=r}\dfrac{1}{z-z_0}dz$.

解 曲线 C 的参数方程为

$$z=z_0+re^{i\theta},0\leqslant\theta<2\pi$$

计算得

$$\oint\limits_{|z-z_0|=r}\frac{1}{z-z_0}dz=\int_0^{2\pi}\frac{1}{re^{i\theta}}ire^{i\theta}d\theta=\int_0^{2\pi}id\theta=2\pi i$$

请注意，此例就是［例 3.1.3］中当 $n=0$ 时的情形，这个结果可以作为公式，以后会经常用到.

3.1.3 复变函数积分的性质

(1) $\int\limits_C f(z)dz=-\int\limits_{C^-}f(z)dz$.

(2) $\int\limits_C kf(z)dz=k\int\limits_C f(z)dz$，$k$ 为复常数.

(3) $\int\limits_C[f_1(z)\pm f_2(z)]dz=\int\limits_C f_1(z)dz\pm\int\limits_C f_2(z)dz$.

(4) $\int\limits_C f(z)dz=\int\limits_{C_1}f(z)dz+\int\limits_{C_2}f(z)dz$，曲线 C 由 C_1 与 C_2 连接而成.

(5) 设函数 $f(z)$ 在曲线 C 上连续，且满足 $|f(z)|\leqslant M$（M 是该函数模的界，为常数)，曲线 C 的长度为 L，则有

$$\left|\int\limits_C f(z)dz\right|\leqslant\int\limits_C|f(z)|ds\leqslant ML$$

证明 因为 $\Delta z_k=z_k-z_{k-1}$，$|\Delta z_k|=|z_k-z_{k-1}|$ 表示点 z_k 与点 z_{k-1} 两点之间的直线段距离，而 Δs_k 表示这两点之间的弧段的长度，因而有

$$\left|\sum_{k=1}^{n}f(\zeta_k)\Delta z_k\right|\leqslant\sum_{k=1}^{n}|f(\zeta_k)\Delta z_k|\leqslant\sum_{k=1}^{n}|f(\zeta_k)||\Delta z_k|$$

$$\leqslant\sum_{k=1}^{n}|f(\zeta_k)|\Delta s_k\leqslant M\sum_{k=1}^{n}\Delta s_k$$

两边同时取极限，得

$$\left|\int\limits_C f(z)dz\right|\leqslant\int\limits_C|f(z)|ds\leqslant M\int\limits_C ds=ML$$

【例 3.1.5】 设 C 为从原点到点 $3+4i$ 的直线段，试求积分 $\left|\int\limits_C\dfrac{1}{z-i}dz\right|$ 的一个上界.

解 曲线 C 的参数方程为

$$z = t(3+4\mathrm{i}), 0 \leqslant t \leqslant 1$$

由性质（5）得

$$\left|\int_C f(z)\mathrm{d}z\right| \leqslant ML$$

在曲线 C 上，有

$$\begin{aligned}\left|\frac{1}{z-\mathrm{i}}\right| &= \frac{1}{|z-\mathrm{i}|} = \frac{1}{|t(3+4\mathrm{i})-\mathrm{i}|} = \frac{1}{|3t+(4t-1)\mathrm{i}|} \\ &= \frac{1}{\sqrt{(3t)^2+(4t-1)^2}} = \frac{1}{\sqrt{25t^2-8t+1}} \\ &= \frac{1}{\sqrt{25\left(t-\frac{4}{25}\right)^2+\frac{9}{25}}} \leqslant \frac{5}{3} = M\end{aligned}$$

曲线的长度为 $L=5$，因此有

$$\left|\int_C \frac{1}{z-\mathrm{i}}\mathrm{d}z\right| \leqslant \frac{25}{3}$$

§3.2 柯西 - 古萨基本定理

由［例 3.1.1］发现，积分路径不同，得到的积分值不同，说明该积分与路径有关. 由［例 3.1.2］发现，积分路径不同，但积分值确是相同的，说明该积分与路径无关. 那么满足什么条件时复变函数积分才能与路径无关？下面介绍柯西 - 古萨基本定理.

设函数 $f(z)=u+\mathrm{i}v$ 在区域 D 内解析，并设 $f'(z)$ 连续，即 u，v 具有一阶连续偏导数，曲线 C 为 D 内任一简单闭曲线. 由格林公式计算得

$$\begin{aligned}\oint_C f(z)\mathrm{d}z &= \oint_C u\mathrm{d}x - v\mathrm{d}y + \mathrm{i}\oint_C v\mathrm{d}x + u\mathrm{d}y \\ &= -\iint_B \left(\frac{\partial u}{\partial y} + \frac{\partial v}{\partial x}\right)\mathrm{d}x\mathrm{d}y + \mathrm{i}\iint_B \left(\frac{\partial u}{\partial x} - \frac{\partial v}{\partial y}\right)\mathrm{d}x\mathrm{d}y\end{aligned}$$

其中 B 为曲线 C 所围成的区域，由于 $f(z)=u+\mathrm{i}v$ 在区域 D 内解析，满足 C - R 方程，即

$$\frac{\partial u}{\partial x} = \frac{\partial v}{\partial y}, \frac{\partial u}{\partial y} = -\frac{\partial v}{\partial x}$$

因此有

$$\oint_C f(z)\mathrm{d}z = 0$$

这个结论是柯西断言的.

注意推导此结论时假定 $f'(z)$ 连续. 实际上, $f'(z)$ 连续是不必要的, 而去掉 $f'(z)$ 连续的条件的证明是由古萨给出的. 下面不加证明地介绍解析函数论中最基本的定理——柯西-古萨基本定理.

定理 3.2.1 (柯西-古萨基本定理) 设函数 $f(z)$ 在单连通域 D 内处处解析, 则

$$\oint_C f(z)\mathrm{d}z = 0$$

其中曲线 C 为 D 内任意一条封闭曲线.

定理中曲线 C 可以不是简单曲线. 这个定理又称为柯西积分定理, 它的证明比较复杂.

推论 3.2.1 若曲线 C 是区域 D 的边界, $f(z)$ 在 D 内解析, 在闭区域 $\overline{D}$ 上连续, 则有

$$\oint_C f(z)\mathrm{d}z = 0$$

根据推论, 只需函数 $f(z)$ 在曲线 C 内解析, 在曲线 C 上连续, 那么沿着曲线 C 的积分就等于零.

【例 3.2.1】 计算 $\oint_{|z|=1} \mathrm{e}^z \mathrm{d}z$.

解 因为 $f(z)=\mathrm{e}^z$ 在整个复平面内处处解析, 而 $|z|=1$ 是 $f(z)$ 的解析区域内的一个简单闭曲线, 根据定理 3.2.1 知, $\oint_{|z|=1} \mathrm{e}^z \mathrm{d}z = 0$.

【例 3.2.2】 计算 $\oint_{|z|=1} \frac{1}{z+2}\mathrm{d}z$.

解 因为 $f(z)=\frac{1}{z+2}$ 在圆 $|z|\leqslant 1$ 内解析, 由推论 3.2.1 知, $\oint_{|z|=1} \frac{1}{z+2}\mathrm{d}z = 0$.

§3.3 复合闭路定理

上一节主要介绍在单连通域上考虑柯西定理, 下面可以把基本定理推广到多连通域情形. 给出如下定理——复合闭路定理.

定理 3.3.1 设曲线 C 和 C_1 是两条简单闭曲线, C_1 在 C 的内部, 函数 $f(z)$ 在曲线 C 和 C_1 所围成的区域 D 内解析, 在闭区域 $\overline{D}$ 上连续, 则有

$$\oint_C f(z)\mathrm{d}z = \oint_{C_1} f(z)\mathrm{d}z$$

证明 积分曲线示意图如图 3-4 所示, 在 D 内作两条直线段 AA' 和 BB',

分别连接曲线 C 和 C_1，将区域 D 分成两个单连通域 D_1 和 D_2，D_1 的边界为 $AEBB'E'A'A$ 记作 L_1，D_2 的边界为 $AA'F'B'BFA$ 记作 L_2，由假设知，$f(z)$ 在 D_1 和 D_2 内解析，在 $\overline{D_1}$ 和 $\overline{D_2}$ 上连续，由推论 3.2.1 可知

$$\oint_{L_1} f(z)\mathrm{d}z = 0, \oint_{L_2} f(z)\mathrm{d}z = 0$$

所以

$$\oint_{L_1} f(z)\mathrm{d}z + \oint_{L_2} f(z)\mathrm{d}z = 0$$

又因为

$$\int_{AA'} f(z)\mathrm{d}z = -\int_{A'A} f(z)\mathrm{d}z, \int_{BB'} f(z)\mathrm{d}z = -\int_{B'B} f(z)\mathrm{d}z$$

重新组合曲线，得

$$\oint_C f(z)\mathrm{d}z + \oint_{C_1^-} f(z)\mathrm{d}z = 0$$

即

$$\oint_C f(z)\mathrm{d}z = \oint_{C_1} f(z)\mathrm{d}z$$

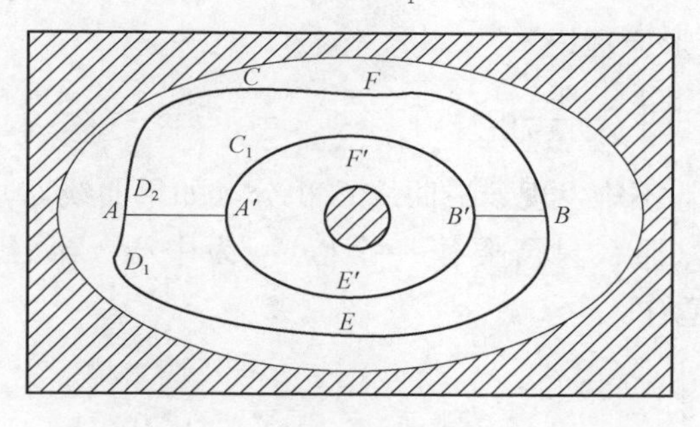

图 3-4　积分曲线示意图

定理 3.3.1 表明，解析函数沿闭曲线积分，不会因为闭曲线在区域内连续变形而改变积分值，闭曲线在变形过程中不能经过函数的不解析点. 即闭路变形原理.

定理 3.3.2　（复合闭路定理）设 C 为多连通域 D 内的一条简单闭曲线，C_1，C_2，…，C_n 在曲线 C 的内部，这些曲线 C_1，C_2，…，C_n 互不包含也互不相交，且以 C，C_1，C_2，…，C_n 为边界的区域全包含于 D 内，若函数 $f(z)$ 在区域 D 内解析，则

(1) $\oint_C f(z)\mathrm{d}z = \oint_{C_1} f(z)\mathrm{d}z + \oint_{C_2} f(z)\mathrm{d}z + \cdots + \oint_{C_n} f(z)\mathrm{d}z$. 其中曲线 C，C_1，C_2，…，C_n 均取正方向.

(2)$\oint_{\Gamma} f(z)\mathrm{d}z = 0$. 其中 Γ 为由 C，C_1，C_2，…，C_n 所组成的复合闭路(其方向是 C 取逆时针方向，C_1，C_2，…，C_n 为顺时针方向).

复合闭路定理积分曲线见图 3 - 5.

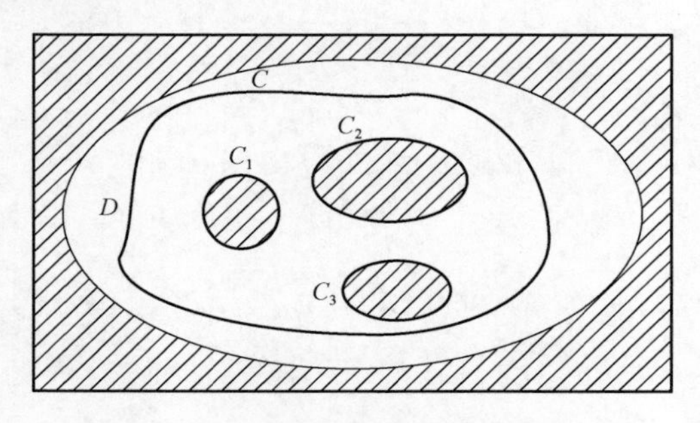

图 3 - 5　复合闭路定理积分曲线

【例 3. 3. 1】　计算$\oint_{\Gamma} \frac{1}{z-1}\mathrm{d}z$，其中 Γ 为包含 $|z|=2$ 在内的任何正向简单闭曲线.

解　由闭路变形原理得

$$\oint_{\Gamma} \frac{1}{z-1}\mathrm{d}z = \oint_{|z-1|=0.1} \frac{1}{z-1}\mathrm{d}z = 2\pi \mathrm{i}$$

由［例 3. 3. 1］不难发现，沿曲线 C 积分，如果曲线 C 所围成的区域内有一个不解析点 z_1，那么只需要作一个以 z_1 为中心，半径很小的圆 C_1，即 $|z-z_1|=r_1$，于是有

$$\oint_{C} f(z)\mathrm{d}z = \oint_{C_1} f(z)\mathrm{d}z = \oint_{|z-z_1|=r_1} f(z)\mathrm{d}z$$

应用例［3. 1. 3］的结论可以计此算积分.

如果曲线 C 所围成的区域内有多个不解析点 z_1，z_2，…，z_n，那么只需要对每一个不解析点 z_k 都作一个以 z_k 为中心，半径很小的圆 C_k，半径很小是使得这些小圆互不包含，也互不相交，那么有

$$\oint_{C} f(z)\mathrm{d}z = \oint_{C_1} f(z)\mathrm{d}z + \oint_{C_2} f(z)\mathrm{d}z + \cdots + \oint_{C_n} f(z)\mathrm{d}z$$

【例 3. 3. 2】　计算$\oint_{\Gamma} \frac{2z-1}{z^2-z}\mathrm{d}z$，其中 Γ 为包含 $|z|=1$ 在内的任何正向简单闭曲线.

解　不解析点为 $z=0$，$z=1$，分别作小圆 C_1：$|z|=0.3$；小圆 C_2：$|z-1|=0.3$，互不相交的小圆如图 3 - 6 所示.

$$\begin{aligned}\oint_{\Gamma}\frac{2z-1}{z^2-z}\mathrm{d}z&=\oint_{C_1}\frac{2z-1}{z^2-z}\mathrm{d}z+\oint_{C_2}\frac{2z-1}{z^2-z}\mathrm{d}z\\&=\oint_{C_1}\left(\frac{1}{z}+\frac{1}{z-1}\right)\mathrm{d}z+\oint_{C_2}\left(\frac{1}{z}+\frac{1}{z-1}\right)\mathrm{d}z\\&=\oint_{C_1}\frac{1}{z}\mathrm{d}z+\oint_{C_1}\frac{1}{z-1}\mathrm{d}z+\oint_{C_2}\frac{1}{z}\mathrm{d}z+\oint_{C_2}\frac{1}{z-1}\mathrm{d}z\\&=2\pi\mathrm{i}+0+0+2\pi\mathrm{i}\\&=4\pi\mathrm{i}\end{aligned}$$

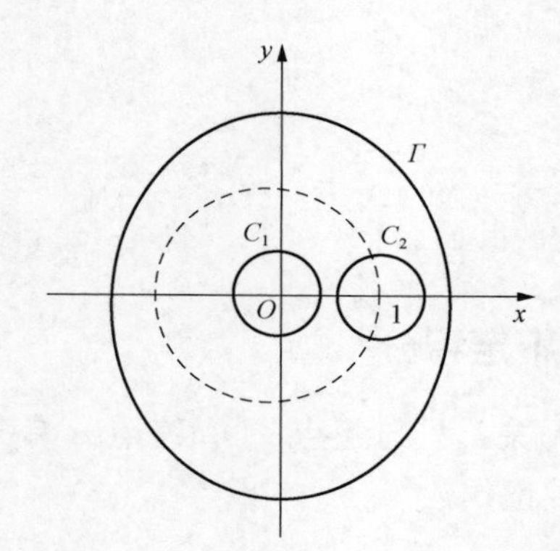

图 3-6 互不相交的小圆

§3.4 原函数与不定积分

根据柯西-古萨基本定理，我们容易推得积分与路径无关的条件.

3.4.1 积分与路径无关的条件

定理 3.4.1 若函数 $f(z)$ 在区域 D 内解析，C 是 D 内曲线，则积分 $\int_C f(z)\mathrm{d}z$ 与路径无关，只与起点和终点有关.

证明 设起点 z_0 和终点 z_1 均在 D 内，分两种情况讨论.

(1) 设从起点 z_0 到终点 z_1 有两条不相交的曲线 C_1 和 C_2，如图 3-7 所示，构造曲线 $C=C_1+C_2^-$，由柯西-古萨基本定理得

$$\oint_C f(z)\mathrm{d}z=\oint_{C_1}f(z)\mathrm{d}z+\oint_{C_2^-}f(z)\mathrm{d}z=0$$

即

$$\oint_{C_1}f(z)\mathrm{d}z=\oint_{C_2}f(z)\mathrm{d}z$$

（2）设从起点 z_0 到终点 z_1 有两条相交的曲线 C_1 和 C_2，交点不止一个，如图 3-8 所示，另作从起点 z_0 和终点 z_1 的曲线 C_3，由（1）的讨论可知：

$$\oint_{C_1} f(z)\mathrm{d}z=\oint_{C_3} f(z)\mathrm{d}z,\oint_{C_2} f(z)\mathrm{d}z=\oint_{C_3} f(z)\mathrm{d}z$$

因此

$$\oint_{C_1} f(z)\mathrm{d}z=\oint_{C_2} f(z)\mathrm{d}z$$

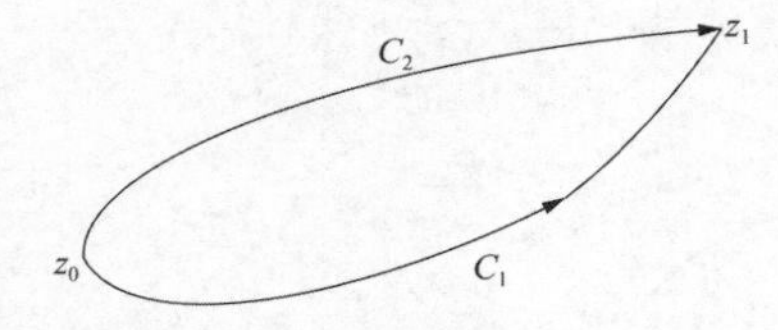

图 3-7　不相交的积分曲线

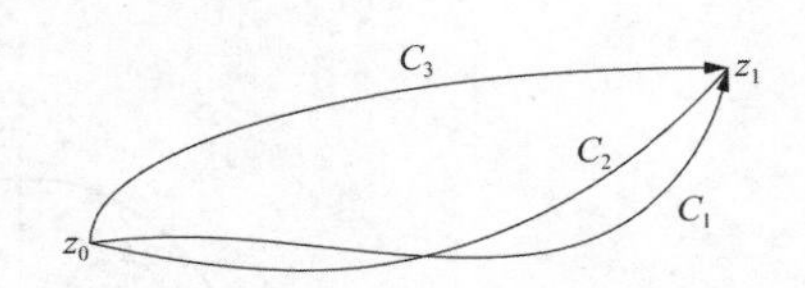

图 3-8　相交的积分曲线

3.4.2　原函数与不定积分

若积分与积分路径无关，只与起点 z_0 和终点 z 有关，让 z_0 不变，只让 z 变化，则积分为 z 的函数记作

$$F(z)=\int_{z_0}^{z} f(\zeta)\mathrm{d}\zeta$$

定理 3.4.2　若函数 $f(z)$ 在单连通域 D 内处处解析，则 $F(z)$ 是 D 内的一个解析函数，并且 $F'(z)=f(z)$

证明　解析区域如图 3-9 所示，设 z 为 D 内任意一点，以 z 为中心作一含于 D 内的小圆 K，取充分小的 Δz 使得 $z+\Delta z$ 在 K 内. 于是有

$$F(z+\Delta z)=\int_{z_0}^{z+\Delta z} f(\zeta)\mathrm{d}\zeta$$

$$F(z)=\int_{z_0}^{z} f(\zeta)\mathrm{d}\zeta$$

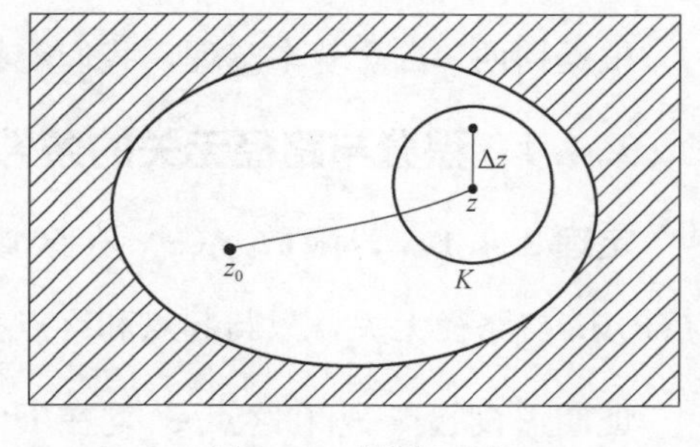

图 3-9　解析区域

于是

$$F(z+\Delta z)-F(z)=\int_{z_0}^{z+\Delta z} f(\zeta)\mathrm{d}\zeta-\int_{z_0}^{z} f(\zeta)\mathrm{d}\zeta$$

由于积分与路径无关，故从 z_0 到 z 两个积分取相同的路径，于是得到

$$F(z+\Delta z)-F(z)=\int_{z}^{z+\Delta z} f(\zeta)\mathrm{d}\zeta+\int_{z_0}^{z} f(\zeta)\mathrm{d}\zeta-\int_{z_0}^{z} f(\zeta)\mathrm{d}\zeta=\int_{z}^{z+\Delta z} f(\zeta)\mathrm{d}\zeta$$

又因为积分与路径无关，从 z 到 $z+\Delta z$ 取直线段，由于

$$\int_{z}^{z+\Delta z} f(z)\mathrm{d}\zeta = f(z)\Delta z$$

即

$$f(z) = \frac{1}{\Delta z}\int_{z}^{z+\Delta z} f(z)\mathrm{d}\zeta$$

于是，按照导数定义得

$$\frac{F(z+\Delta z)-F(z)}{\Delta z} - f(z) = \frac{1}{\Delta z}\int_{z}^{z+\Delta z}[f(\zeta)-f(z)]\mathrm{d}\zeta$$

由于 $f(z)$ 在 D 内处处解析，因此 $f(z)$ 在 D 内连续，对任给 $\varepsilon>0$，存在 $\delta>0$，当 $|\zeta-z|<\delta$ 时，有

$$|f(\zeta)-f(z)|<\varepsilon$$

故，当 $|\Delta z|<\delta$ 时，有

$$\begin{aligned}\left|\frac{F(z+\Delta z)-F(z)}{\Delta z} - f(z)\right| &= \left|\frac{1}{\Delta z}\int_{z}^{z+\Delta z}[f(\zeta)-f(z)]\mathrm{d}\zeta\right| \\ &\leqslant \frac{1}{|\Delta z|}\int_{z}^{z+\Delta z}|f(\zeta)-f(z)|\,\mathrm{d}s < \frac{1}{|\Delta z|}\varepsilon\,|\Delta z| \\ &= \varepsilon\end{aligned}$$

两边同时取极限，由导数定义得

$$F'(z) = f(z)$$

由 z 在 D 内的任意性知，$F(z)$ 在 D 内处处可导，因而 $F(z)$ 在 D 内处处解析.

这个定理与高等数学中的变上限积分求导定理完全类似. 下面介绍原函数.

定义 3.4.1 若函数 $F(z)$ 在区域 D 内的导数等于 $f(z)$，即 $F'(z)=f(z)$，则 $F(z)$ 称为 $f(z)$ 的原函数.

定理 3.4.3 若 $F(z)$ 和 $G(z)$ 都是 $f(z)$ 的原函数，则原函数 $F(z)$ 和 $G(z)$ 相差一个常数.

证明 $[F(z)-G(z)]'=F'(z)-G'(z)=f(z)-f(z)=0$，因此 $F(z)-G(z)=c$，c 为任意常数.

定义 3.4.2 若 $F(z)$ 是 $f(z)$ 的一个原函数，那么 $F(z)+c$ 就是 $f(z)$ 的全部原函数，记作

$$\int f(z)\mathrm{d}z = F(z)+c$$

这个积分称为 $f(z)$ 的不定积分，其中 c 为任意常数.

在此基础上，我们可以推得类似牛顿 - 莱布尼兹公式的解析函数积分的计算公式.

定理 3.4.4 若函数 $f(z)$ 在单连通域 D 内处处解析，$G(z)$ 为 $f(z)$ 的一

个原函数，则

$$\int_{z_0}^{z_1} f(z)\mathrm{d}z = G(z_1) - G(z_0)$$

其中 z_0 和 z_1 为 D 内的两点.

证明　因为函数 $f(z)$ 在单连通域 D 内处处解析，$\int_{z_0}^{z} f(z)\mathrm{d}z$ 也是函数 $f(z)$ 的一个原函数，因此

$$\int_{z_0}^{z} f(z)\mathrm{d}z = G(z) + c$$

当 $z=z_0$ 时，由柯西 - 古萨基本定理得

$$\int_{z_0}^{z_0} f(z)\mathrm{d}z = 0$$

于是有 $c=-G(z_0)$，即

$$\int_{z_0}^{z} f(z)\mathrm{d}z = G(z) - G(z_0)$$

有了定理 3.4.4，计算复变函数积分就方便了，复变函数的积分就可用跟高等数学中类似的方法来计算.

【例 3.4.1】　计算 $\int_0^{\mathrm{i}} z\cos z\mathrm{d}z$.

解　因为函数 $z\cos z$ 在整个复平面内处处解析，可以采用分部积分法求得一个原函数，代入上下限，有

$$\int_0^{\mathrm{i}} z\cos z\mathrm{d}z = [z\sin z + \cos z]\,|_0^{\mathrm{i}} = \mathrm{i}\sin\mathrm{i} + \cos\mathrm{i} - 1 = \mathrm{e}^{-1} - 1$$

【例 3.4.2】　计算 $\int_0^{\mathrm{i}} z\mathrm{d}z$.

解　因为函数 z 在整个复平面内处处解析，求得一个原函数，代入上下限，有

$$\int_0^{\mathrm{i}} z\mathrm{d}z = \frac{1}{2}z^2\,|_0^{\mathrm{i}} = -\frac{1}{2}$$

计算时可以采用分部积分法和凑微分法等方法.

§3.5　柯西积分公式

设曲线 C 是包含 z_0 的简单闭曲线，考虑积分 $\oint_C \frac{f(z)}{z-z_0}\mathrm{d}z$ 的值，作一个以 z_0 为中心，半径为 ρ 的小圆 K，由闭路变形原理得，$\oint_C \frac{f(z)}{z-z_0}\mathrm{d}z = \oint_K \frac{f(z)}{z-z_0}\mathrm{d}z$，如果 $f(z)$ 在曲线 C 内解析，那么 $f(z)$ 在 z_0 连续，那么当 ρ 充分小时，有 $f(z)$

接近于 $f(z_0)$，因此可以估计 $\oint_K \frac{f(z)}{z-z_0}dz$ 的值接近于 $\oint_K \frac{f(z_0)}{z-z_0}dz$ 的值，而 $\oint_K \frac{f(z_0)}{z-z_0}dz = f(z_0)\oint_K \frac{1}{z-z_0}dz = 2\pi i f(z_0)$，因此有 $\oint_C \frac{f(z)}{z-z_0}dz$ 约等于 $2\pi i f(z_0)$. 这实际上就是柯西积分公式，下面介绍柯西积分公式.

定理 3.5.1 如果函数 $f(z)$ 在区域 D 内处处解析，C 为 D 内的任何一条正向简单闭曲线，它的内部完全含于 D，z_0 是 C 内任意一点，那么有

$$f(z_0) = \frac{1}{2\pi i}\oint_C \frac{f(z)}{z-z_0}dz$$

此公式称为柯西积分公式，需要注意：解析函数 $f(z)$ 是指被积函数的分子，z_0 为被积函数的奇点，z_0 在积分曲线 C 内.

证明 柯西积分公式如图 3-10 所示，作一个以 z_0 为中心，半径为 ρ 的小圆 K，由闭路变形原理得

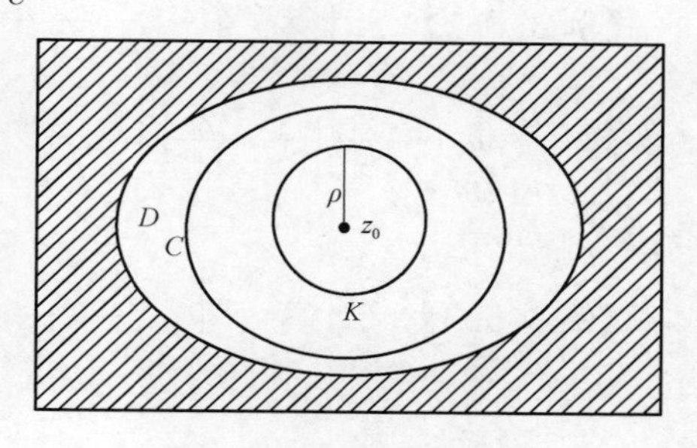

图 3-10 柯西积分公式

$$\oint_C \frac{f(z)}{z-z_0}dz = \oint_K \frac{f(z)}{z-z_0}dz$$

而

$$\begin{aligned}\oint_K \frac{f(z)}{z-z_0}dz &= \oint_K \frac{f(z_0)+f(z)-f(z_0)}{z-z_0}dz \\ &= \oint_K \frac{f(z_0)}{z-z_0}dz + \oint_K \frac{f(z)-f(z_0)}{z-z_0}dz \\ &= 2\pi i f(z_0) + \oint_K \frac{f(z)-f(z_0)}{z-z_0}dz\end{aligned}$$

由于 $f(z)$ 在 z_0 解析，进而 $f(z)$ 在 z_0 连续，即对任意 $\varepsilon>0$，存在 $\delta>0$，当 $|z-z_0|<\delta$ 时，有

$$|f(z)-f(z_0)|<\varepsilon$$

令小圆半径 $\rho<\delta$，于是有

$$\left|\oint_K \frac{f(z)-f(z_0)}{z-z_0}dz\right| \leqslant \oint_K \frac{|f(z)-f(z_0)|}{|z-z_0|}ds < \frac{\varepsilon}{\rho}\oint_K ds = \frac{\varepsilon}{\rho}2\pi\rho = 2\pi\varepsilon$$

推论 3.5.1 如果函数 $f(z)$ 在简单闭曲线 C 所围成的区域内及曲线 C 上解析，那么柯西积分公式仍然成立.

由推论 3.5.1 可知，如果一个函数在由简单闭曲线包围的闭域内解析，那么它在区域内的函数值就可由边界上的积分值来确定，反之复变函数积分可以

由区域内的函数值来表示，它不仅提供了计算一些复杂积分的简便方法，而且给出了解析函数的一个积分表达式，从而是研究解析函数的重要工具.

【例 3. 5. 1】 计算 $\oint\limits_{|z|=2}\frac{\sin z}{z}dz$.

解 因为 $f(z)=\sin z$ 在整个复平面内处处解析，$z_0=0$ 在 $|z|=2$ 内，由柯西积分公式知

$$\oint\limits_{|z|=2}\frac{\sin z}{z}dz=2\pi i\sin z\,|_{z=0}=0$$

【例 3. 5. 2】 计算 $\oint\limits_{|z|=4}\left(\frac{1}{z+1}+\frac{2}{z-3}\right)dz$.

解 $\oint\limits_{|z|=4}\left(\frac{1}{z+1}+\frac{2}{z-3}\right)dz=\oint\limits_{|z|=4}\frac{1}{z+1}dz+\oint\limits_{|z|=4}\frac{2}{z-3}dz=2\pi i\times 1+2\pi i\times 2=6\pi i.$

【例 3. 5. 3】 计算 $\oint\limits_{|z-3|=1}\frac{1}{9-z^2}dz$.

解 $\oint\limits_{|z-3|=1}\frac{1}{9-z^2}dz=-\oint\limits_{|z-3|=1}\frac{1}{z^2-9}dz=-\oint\limits_{|z-3|=1}\frac{\frac{1}{z+3}}{z-3}dz=-2\pi i\left.\frac{1}{z+3}\right|_{z=3}=-\frac{1}{3}\pi i.$

应注意柯西积分公式的变形.

【例 3. 5. 4】 计算 $\oint\limits_{|z+3|=1}\frac{1}{9-z^2}dz$.

解 $\oint\limits_{|z+3|=1}\frac{1}{9-z^2}dz=-\oint\limits_{|z+3|=1}\frac{1}{z^2-9}dz=-\oint\limits_{|z+3|=1}\frac{\frac{1}{z-3}}{z+3}dz=-2\pi i\left.\frac{1}{z-3}\right|_{z=-3}=\frac{1}{3}\pi i.$

【例 3. 5. 5】 计算 $\oint\limits_{|z|=10}\frac{1}{9-z^2}dz$.

解 $\oint\limits_{|z|=10}\frac{1}{9-z^2}dz=-\oint\limits_{|z|=10}\frac{1}{z^2-9}dz=-\left[\oint\limits_{|z-3|=1}\frac{1}{z^2-9}dz+\oint\limits_{|z+3|=1}\frac{1}{z^2-9}dz\right]=0.$

推论 3. 5. 2 如果定理 3. 5. 1 中的曲线 C 是圆周 $z=z_0+re^{i\theta}$，那么有

$$f(z_0)=\frac{1}{2\pi}\int_0^{2\pi}f(z_0+re^{i\theta})d\theta$$

这说明一个解析函数在圆心处的值等于它在圆周上的平均值.

§3.6 解析函数的高阶导数

一个解析函数不仅有一阶导数，而且还有高阶导数，高阶导数的值也可以用积分的形式给出，下面研究解析函数的高阶导数公式.

定理 3.6.1 解析函数 $f(z)$ 各阶导数仍为解析函数，它的 n 阶导数为

$$f^{(n)}(z_0)=\frac{n!}{2\pi i}\oint_C\frac{f(z)}{(z-z_0)^{n+1}}dz,n=1,2,\cdots$$

其中 C 为函数 $f(z)$ 的解析区域 D 内围绕 z_0 的任何一条正向简单闭曲线，而且 C 的内部全含于 D.

证明略.

此公式称为高阶导数公式，需要注意：解析函数 $f(z)$ 是指被积函数的分子，z_0 为被积函数的奇点，z_0 在积分曲线 C 内.

一方面说明解析函数的高阶导数可以利用等式右侧的积分来计算，这显然有些麻烦，我们可以直接用导数的定义来计算解析函数的各阶导数. 另一方面也说明可以通过等式左侧的导数来计算等式右侧的积分，在这里常通过等式左侧的导数来计算等式右侧的积分. 这就是高阶导数的一个重要应用，计算复杂积分.

如果求导运算与积分运算可以交换顺序，那么还是比较容易给出高阶导数公式的证明. 下面就在这个假设下，简要推导高阶导数公式.

设函数 $f(\zeta)$ 解析，z 在 C 内，由柯西积分公式得

$$f(z)=\frac{1}{2\pi i}\oint_C\frac{f(\zeta)}{\zeta-z}d\zeta \tag{3-5}$$

假设求导运算与积分运算可以交换顺序，式（3-5）两边同时对 z 求导，得

$$f'(z)=\frac{1}{2\pi i}\frac{d}{dz}\oint_C\frac{f(\zeta)}{\zeta-z}d\zeta=\frac{1}{2\pi i}\oint_C\frac{d}{dz}\left[\frac{f(\zeta)}{\zeta-z}\right]d\zeta=\frac{1}{2\pi i}\oint_C\frac{f(\zeta)}{(\zeta-z)^2}d\zeta$$

两边再对 z 求导，得

$$f''(z)=\frac{1}{2\pi i}\frac{d}{dz}\oint_C\frac{f(\zeta)}{(\zeta-z)^2}d\zeta=\frac{1}{2\pi i}\oint_C\frac{d}{dz}\left[\frac{f(\zeta)}{(\zeta-z)^2}\right]d\zeta=\frac{2!}{2\pi i}\oint_C\frac{f(\zeta)}{(\zeta-z)^3}d\zeta$$

类似地，可以推得 n 阶导数

$$f^{(n)}(z_0)=\frac{n!}{2\pi i}\oint_C\frac{f(z)}{(z-z_0)^{n+1}}dz\ (n=1,2,\cdots)$$

【例 3.6.1】 计算 $\oint_{|z|=2}\frac{\cos(\pi z)}{(z-1)^5}dz$.

解 因为 $f(z)=\cos(\pi z)$ 在整个复平面处处解析，$|z|=2$ 是解析区域内的一个简单闭曲线，$z_0=1$，$n=4$，由高阶导数公式得

$$\oint_{|z|=2}\frac{\cos(\pi z)}{(z-1)^5}dz=\frac{2\pi i}{4!}\cos^{(4)}(\pi z)\big|_{z=1}=\frac{2\pi i}{4!}\pi^4\cos\pi=-\frac{1}{12}\pi^5 i$$

【例 3.6.2】 计算 $\oint_{|z-1|=1}\frac{1}{(z-1)^3(z+2)^3}dz$.

解 $\oint_{|z-1|=1}\frac{1}{(z-1)^3(z+2)^3}dz=\oint_{|z-1|=1}\frac{\frac{1}{(z+2)^3}}{(z-1)^3}dz=\frac{2\pi i}{2!}\left[\frac{1}{(z+2)^3}\right]''\Big|_{z=1}=$ $\frac{4}{81}\pi i$.

注意高阶导数公式的变形.

【例 3.6.3】 计算 $\oint_{|z+2|=1}\frac{1}{(z-1)^3(z+2)^3}dz$.

解 $\oint_{|z+2|=1}\frac{1}{(z-1)^3(z+2)^3}dz=\oint_{|z+2|=1}\frac{\frac{1}{(z-1)^3}}{(z+2)^3}dz=\frac{2\pi i}{2!}\left[\frac{1}{(z-1)^3}\right]''\Big|_{z=-2}=$ $-\frac{4}{81}\pi i$.

【例 3.6.4】 计算 $\oint_{|z|=10}\frac{1}{(z-1)^3(z+2)^3}dz$.

解 $\oint_{|z|=10}\frac{1}{(z-1)^3(z+2)^3}dz=\oint_{|z-1|=1}\frac{1}{(z-1)^3(z+2)^3}dz+\oint_{|z+2|=1}$ $\frac{1}{(z-1)^3(z+2)^3}dz=0$.

【例 3.6.5】 计算 $\oint_{|z-1|=1}\frac{e^z}{(z-1)^3(z+2)^3}dz$.

解
$$\oint_{|z-1|=1}\frac{e^z}{(z-1)^3(z+2)^3}dz=\oint_{|z-1|=1}\frac{\frac{e^z}{(z+2)^3}}{(z-1)^3}dz=\frac{2\pi i}{2!}\left[\frac{e^z}{(z+2)^3}\right]''\Big|_{z=1}$$
$$=\frac{2\pi i}{3!}\left\{\left(\frac{1}{(z+2)^3}-\frac{6}{(z+2)^4}+\frac{12}{(z+2)^5}\right)e^z\right\}\Big|_{z=1}$$
$$=\frac{1}{81}e\pi i.$$

通过以上算例，应灵活掌握应用高阶导数公式计算积分.

§3.7 解析函数与调和函数的关系

调和函数在流体力学和电磁场理论等实际问题中都有重要的应用，下面就来介绍调和函数与解析函数的关系.

3.7.1 调和函数

定义 3.7.1 如果二元实函数 $\varphi(x, y)$ 在区域 D 内具有二阶连续偏导数，并且满足拉普拉斯方程

$$\frac{\partial^2 \varphi}{\partial x^2}+\frac{\partial^2 \varphi}{\partial y^2}=0$$

那么称 $\varphi(x, y)$ 为区域 D 内的调和函数.

【例 3.7.1】 证明函数 $u(x, y)=y^3-3x^2y$ 为调和函数.

证明 因为

$$\frac{\partial u}{\partial x}=-6xy,\frac{\partial^2 u}{\partial x^2}=-6y,\frac{\partial u}{\partial y}=3y^2-3x^2,\frac{\partial^2 u}{\partial y^2}=6y$$

所以

$$\frac{\partial^2 u}{\partial x^2}+\frac{\partial^2 u}{\partial y^2}=0$$

故 $u(x, y)=y^3-3x^2y$ 为调和函数.

定理 3.7.1 若函数 $f(z)$ 在区域 D 内解析，则它的实部和虚部都是 D 内的调和函数.

证明 设 $f(z)=u+\mathrm{i}v$ 是区域 D 内的解析函数，它的实部 u 和虚部 v 满足 C-R 方程，即

$$\frac{\partial u}{\partial x}=\frac{\partial v}{\partial y},\frac{\partial u}{\partial y}=-\frac{\partial v}{\partial x}$$

根据解析函数高阶导数定理，u 和 v 具有任意阶连续偏导数，所以有

$$\frac{\partial^2 u}{\partial x \partial y}=\frac{\partial^2 v}{\partial y^2},\frac{\partial^2 u}{\partial y \partial x}=-\frac{\partial^2 v}{\partial x^2}$$

又因为$\dfrac{\partial^2 u}{\partial x \partial y}=\dfrac{\partial^2 u}{\partial y \partial x}$，于是有

$$\frac{\partial^2 v}{\partial y^2}+\frac{\partial^2 v}{\partial x^2}=0$$

因此，虚部 v 是 D 内的调和函数. 同理，实部 u 是 D 内的调和函数.

3.7.2 共轭调和函数

定义 3.7.2 若 u 和 v 是区域 D 内的调和函数，且满足 C-R 方程

$$\frac{\partial u}{\partial x}=\frac{\partial v}{\partial y},\frac{\partial u}{\partial y}=-\frac{\partial v}{\partial x}$$

则称 v 是 u 的共轭调和函数.

定理 3.7.2 函数 $f(z)$ 解析的充要条件是它的虚部 v 是实部 u 的共轭调和函数.

【例 3.7.2】 验证函数 $u=y^3-3x^2y$，$v=-3xy^2+x^3$ 是调和函数，并且函数 v 是函数 u 的共轭调和函数.

解 由［例 3.7.1］知，函数 u 为调和函数. 且

$$\frac{\partial u}{\partial x}=-6xy,\frac{\partial u}{\partial y}=3y^2-3x^2,\frac{\partial v}{\partial x}=-3y^2+3x^2$$

$$\frac{\partial^2 v}{\partial x^2}=6x,\frac{\partial v}{\partial y}=-6xy,\frac{\partial^2 v}{\partial y^2}=-6x$$

所以

$$\frac{\partial^2 v}{\partial x^2}+\frac{\partial^2 v}{\partial y^2}=0$$

故 $v=-3xy^2+x^3$ 为调和函数.

又因为函数 u 和函数 v 满足 C-R 方程

$$\frac{\partial u}{\partial x}=\frac{\partial v}{\partial y},\frac{\partial u}{\partial y}=-\frac{\partial v}{\partial x}$$

所以，函数 v 是函数 u 的共轭调和函数.

如果已知一个调和函数 u，可以利用 C-R 方程求得它的共轭调和函数 v，从而构成一个解析函数 $f(z)=u+\mathrm{i}v$，这种方法称为偏积分法.

【例 3.7.3】 求 $u(x,\ y)=y^3-3x^2y$ 的共轭调和函数 v，及由 u，v 构成的解析函数 $f(z)=u+\mathrm{i}v$，且满足 $f(0)=0$.

解 应用偏积分法求解，由 C-R 方程知

$$\frac{\partial v}{\partial y}=\frac{\partial u}{\partial x}=-6xy$$

两边同时对 y 积分，得

$$v=\int(-6xy)\mathrm{d}y=-3xy^2+g(x)$$

两边同时对 x 求导，得

$$\frac{\partial v}{\partial x}=-3y^2+g'(x)$$

又因为

$$\frac{\partial v}{\partial x}=-\frac{\partial u}{\partial y}=-(3y^2-3x^2)$$

于是

$$-3y^2+g'(x)=-(3y^2-3x^2)$$

即

$$g'(x)=3x^2$$

两边同时对 x 积分，得 $g(x)=x^3+c$，c 为实常数. 即

$$v=-3xy^2+x^3+c$$

于是有

$$f(z)=u+\mathrm{i}v=y^3-3x^2y+\mathrm{i}(-3xy^2+x^3+c)$$

因为 $f(0)=0$，得 $c=0$，即

$$f(z)=u+\mathrm{i}v=y^3-3x^2y+\mathrm{i}(-3xy^2+x^3)$$

经整理得

$$f(z)=\mathrm{i}z^3$$

不难发现 $f(z)=\mathrm{i}z^3$ 在整个复平面处处解析.

下面介绍求解析函数的另一种方法——不定积分法. 其基本思想就是要求 $f(z)$，可以先求 $f(z)$ 的导数，然后再应用不定积分法求解，这种方法称为不定积分法.

如果 $f(z)$ 解析，根据导数公式

$$f'(z)=\frac{\partial u}{\partial x}+\mathrm{i}\frac{\partial v}{\partial x}$$

及 C-R 方程

$$\frac{\partial u}{\partial x}=\frac{\partial v}{\partial y},\frac{\partial u}{\partial y}=-\frac{\partial v}{\partial x}$$

得

$$f'(z)=\frac{\partial u}{\partial x}-\mathrm{i}\frac{\partial u}{\partial y} \tag{3-6}$$

或

$$f'(z)=\frac{\partial v}{\partial y}+\mathrm{i}\frac{\partial v}{\partial x} \tag{3-7}$$

式（3-6）适用已知实部 u 的情形，式（3-7）适用已知虚部 v 的情形.

【例 3.7.4】 求 $u(x,y)=y^3-3x^2y$ 的共轭调和函数 v，及由 u 和 v 构成的解析函数 $f(z)=u+\mathrm{i}v$，且满足 $f(0)=0$.

解 应用不定积分法求解

$$f'(z)=\frac{\partial u}{\partial x}-\mathrm{i}\frac{\partial u}{\partial y}=-6xy-\mathrm{i}(3y^2-3x^2)=3\mathrm{i}(x^2+2\mathrm{i}xy-y^2)=3\mathrm{i}z^2$$

两边同时对 z 积分，得

$$f(z) = \mathrm{i}z^3 + c_1$$

其中 c_1 为纯虚数，令 $c_1 = c\mathrm{i}$，c 为实数，得

$$f(z) = \mathrm{i}(z^3 + c)$$

因为 $f(0)=0$，得 $c=0$，故

$$f(z) = \mathrm{i}z^3$$

习题 3

1. 沿下列路线计算积分 $\int_0^{3+\mathrm{i}} \mathrm{Re}z\mathrm{d}z$.

(1) 从原点到 $3+\mathrm{i}$ 的直线段；

(2) 从原点沿实轴到 3，再从 3 沿竖直方向向上至 $3+\mathrm{i}$；

(3) 从原点沿虚轴到 i，再沿水平方向向右至 $3+\mathrm{i}$.

2. 分别沿 $y=x$ 与 $y=x^2$ 计算积分 $\int_0^{1+\mathrm{i}} (x^2+\mathrm{i}y)\mathrm{d}z$ 的值.

3. 计算积分 $\oint\limits_{|z|=2} \frac{\bar{z}}{|z|}\mathrm{d}z$ 的值.

4. 试用观察法得出下列积分的值，并说明依据.

(1) $\oint\limits_{|z|=1} \frac{1}{z-2}\mathrm{d}z$；

(2) $\oint\limits_{|z|=1} \frac{1}{z^2+2z+4}\mathrm{d}z$；

(3) $\oint\limits_{|z|=1} \frac{1}{\cos z}\mathrm{d}z$；

(4) $\oint\limits_{|z|=1} \frac{1}{z-\frac{1}{2}}\mathrm{d}z$；

(5) $\oint\limits_{|z|=1} z\mathrm{e}^z\mathrm{d}z$；

(6) $\oint\limits_{|z|=1} \frac{1}{\left(z-\frac{\mathrm{i}}{2}\right)(z+2)}\mathrm{d}z$.

5. 计算下列各积分.

(1) $\oint\limits_{|z-2|=1} \frac{\mathrm{e}^z}{z-2}\mathrm{d}z$；

(2) $\oint\limits_{|z-a|=a} \frac{1}{z^2-a^2}\mathrm{d}z$；

(3) $\oint\limits_{|z|=4} \frac{e^z}{z^2-1}dz$；

(4) $\oint\limits_{|z|=2} \frac{z}{z-3}dz$；

(5) $\oint\limits_{|z|=0.5} \frac{1}{(z^2-1)(z^3-1)}dz$；

(6) $\oint\limits_{|z|=1.5} \frac{1}{(z^2+1)(z^2+4)}dz$；

(7) $\oint\limits_{|z|=1} \frac{\sin z}{z}dz$；

(8) $\oint\limits_{|z|=2} \frac{\sin z}{\left(z-\frac{\pi}{2}\right)^2}dz$；

(9) $\oint\limits_{|z|=1} \frac{e^z}{z^5}dz$；

(10) $\oint\limits_{|z|=1} \frac{1-e^z}{z^5}dz$.

6. 计算下列各积分.

(1) $\oint\limits_{|z|=4} \left(\frac{4}{z+1}+\frac{3}{z+2i}\right)dz$；

(2) $\oint\limits_{|z-1|=6} \frac{2i}{z^2+1}dz$；

(3) $\oint\limits_{C_1+C_2^-} \frac{\cos z}{z^3}dz$，其中 C_1：$|z|=2$；C_2：$|z|=3$.

7. 证明：$u=x^2-y^2$ 和 $v=\frac{y}{x^2+y^2}$都是调函数，但是 $u+iv$ 不是解析函数.

8. 由下列各已知调和函数求解析函数 $f(z)=u+iv$.

(1) $u=(x-y)(x^2+4xy+y^2)$；

(2) $v=\frac{y}{x^2+y^2}$，$f(2)=0$；

(3) $u=2(x-1)y$，$f(2)=-i$.

9. 设 $v=e^{px}\sin y$，求 p 的值使得 $v=e^{px}\sin y$ 为调和函数，并求解析函数 $f(z)=u+iv$.

4 级　　数

在高等数学中对级数有一定的学习，知道级数和数列有着密切的联系. 下面可以将高等数学中的一些关于级数和数列的运算推广到复数中来，在学习本章时可以和高等数学进行类比学习. 在这一章中，我们首先引入复数列的极限、复数项级数的概念；其次研究幂级数、泰勒级数等；最后引入含有正幂项和负幂项的洛朗级数，研究在圆环域内解析函数的洛朗展开式等.

§4.1　复数项级数

4.1.1　复数列的极限

设复数列 α_1，α_2，…，α_n，…，记为 $\{\alpha_n\}$，$n=1$，2，…，其中 $\alpha_n=a_n+ib_n$.

定义 4.1.1　设复数列 $\{\alpha_n\}$，$n=1$，2，…，如果对一确定复数 $\alpha=a+ib$，对任给 $\varepsilon>0$，存在自然数 N，当 $n>N$ 时，有

$$|\alpha_n-\alpha|<\varepsilon$$

则称 α 为复数列 $\{\alpha_n\}$ 当 $n\to\infty$ 时的极限，记作

$$\lim_{n\to\infty}\alpha_n=\alpha$$

也称为复数列 $\{\alpha_n\}$ 收敛于 α，或称复数列收敛. 否则，称复数列发散.

定理 4.1.1　设 $\alpha_n=a_n+ib_n$，$n=1$，2，…，$\alpha=a+ib$，则 $\lim\limits_{n\to\infty}\alpha_n=\alpha$ 的充要条件是

$$\lim_{n\to\infty}a_n=a,\lim_{n\to\infty}b_n=b$$

证明　必要性　如果 $\lim\limits_{n\to\infty}\alpha_n=\alpha$，对任给 $\varepsilon>0$，存在自然数 N，当 $n>N$ 时，有 $|\alpha_n-\alpha|<\varepsilon$，即

$$|\alpha_n-\alpha|=|(a_n+ib_n)-(a+ib)|<\varepsilon$$

从而有

$$|a_n-a|\leqslant|(a_n-a)+i(b_n-b)|<\varepsilon,|b_n-b|\leqslant|(a_n-a)+i(b_n-b)|<\varepsilon$$

即

$$\lim_{n\to\infty}a_n=a,\lim_{n\to\infty}b_n=b$$

充分性 如果$\lim\limits_{n\to\infty}a_n=a$，对任给 $\varepsilon>0$，存在自然数 N_1，当 $n>N_1$ 时，有 $|a_n-a|<\varepsilon$.

$\lim\limits_{n\to\infty}b_n=b$，对同样的 $\varepsilon>0$，存在自然数 N_2，当 $n>N_2$ 时，有 $|b_n-b|<\varepsilon$. 取 $N=\max\{N_1, N_2\}$，当 $n>N$ 时，有

$$|\alpha_n-a|=|(a_n-a)+\mathrm{i}(b_n-b)|\leqslant|a_n-a|+|b_n-b|<2\varepsilon$$

于是有

$$\lim_{n\to\infty}\alpha_n=\alpha$$

即复数列 $\{\alpha_n\}$ 收敛于 α 的充要条件是实部 a_n 收敛于 a，虚部 b_n 收敛于 b.

【例 4.1.1】 求下列复数列的极限：

（1）$\alpha_n=\left(1+\dfrac{1}{n}\right)\mathrm{e}^{\mathrm{i}\frac{\pi}{n}}$；

（2）$\alpha_n=\left(\dfrac{1}{1-\mathrm{i}}\right)^n$.

解 （1）因为 $\alpha_n=\left(1+\dfrac{1}{n}\right)\mathrm{e}^{\mathrm{i}\frac{\pi}{n}}=\left(1+\dfrac{1}{n}\right)\left(\cos\dfrac{\pi}{n}+\mathrm{i}\sin\dfrac{\pi}{n}\right)$，所以

$$a_n=\left(1+\frac{1}{n}\right)\cos\frac{\pi}{n},b_n=\left(1+\frac{1}{n}\right)\sin\frac{\pi}{n}$$

又因为

$$\lim_{n\to\infty}a_n=\lim_{n\to\infty}\left(1+\frac{1}{n}\right)\cos\frac{\pi}{n}=1,\lim_{n\to\infty}b_n=\lim_{n\to\infty}\left(1+\frac{1}{n}\right)\sin\frac{\pi}{n}=0$$

于是

$$\lim_{n\to\infty}\alpha_n=\lim_{n\to\infty}\left(1+\frac{1}{n}\right)\mathrm{e}^{\mathrm{i}\frac{\pi}{n}}=1$$

（2）因为 $\alpha_n=\left(\dfrac{1}{1-\mathrm{i}}\right)^n=\left(\dfrac{1+\mathrm{i}}{2}\right)^n=\left(\dfrac{\sqrt{2}}{2}\mathrm{e}^{\mathrm{i}\frac{\pi}{4}}\right)^n$，所以

$$a_n=\left(\frac{\sqrt{2}}{2}\right)^n\cos\frac{n\pi}{4},b_n=\left(\frac{\sqrt{2}}{2}\right)^n\sin\frac{n\pi}{4}$$

于是

$$\lim_{n\to\infty}a_n=\lim_{n\to\infty}\left(\frac{\sqrt{2}}{2}\right)^n\cos\frac{n\pi}{4}=0,\lim_{n\to\infty}b_n=\lim_{n\to\infty}\left(\frac{\sqrt{2}}{2}\right)^n\sin\frac{n\pi}{4}=0$$

即

$$\lim_{n\to\infty}\alpha_n=\lim_{n\to\infty}\left(\frac{1}{1-i}\right)^n=0$$

关于数列极限和级数的运算可以应用 Matlab 软件进行求解，在附录 D 中列出有关数列极限和级数的基本命令.

4.1.2 级数的概念

定义 4.1.2 设 $\alpha_n=a_n+ib_n$，$n=1$，2，…，为一复数列，表达式

$$\sum_{n=1}^{\infty}\alpha_n=\alpha_1+\alpha_2+\cdots+\alpha_n+\cdots$$

称为复数项无穷级数，简称为级数. 其前面 n 项的和，记为

$$s_n=\alpha_1+\alpha_2+\cdots+\alpha_n$$

称为级数的部分和.

若部分和 s_n 的极限 $\lim\limits_{n\to\infty}s_n=s$ 存在，则称级数收敛，极限值 s 称为级数的和，否则，称级数发散.

【例 4.1.2】 当 $|z|<1$ 时，级数 $\sum\limits_{n=0}^{\infty}z^n=1+z+z^2+\cdots+z^n+\cdots$ 是否收敛?

解 先求部分和

$$s_n=1+z+z^2+\cdots+z^{n-1}=\frac{1-z^n}{1-z}$$

当 $|z|<1$ 时，有

$$\lim_{n\to\infty}z^n=\lim_{n\to\infty}|z|^n(\cos n\theta+\mathrm{i}\sin n\theta)=0$$

因此

$$\lim_{n\to\infty}s_n=\lim_{n\to\infty}\frac{1-z^n}{1-z}=\frac{1}{1-z}$$

故级数收敛.

级数 $\sum\limits_{n=0}^{\infty}z^n=1+z+z^2+\cdots+z^n+\cdots$，称为等比级数. 根据［例 4.1.2］的讨论知，当 $|z|<1$ 时，等比级数收敛，且

$$\sum_{n=0}^{\infty}z^n=\frac{1}{1-z}$$

4.1.3 级数收敛性的判别

考虑级数的部分和 s_n，得到一个复数列 s_1，s_2，…，s_n，…，其中

$$s_n=(a_1+a_2+\cdots+a_n)+\mathrm{i}(b_1+b_2+\cdots+b_n)=A_n+\mathrm{i}B_n$$

如果复数列 s_n 收敛于 $s=A+\mathrm{i}B$，即 $\lim\limits_{n\to\infty}s_n=s$ 的充要条件是 $\lim\limits_{n\to\infty}A_n=A$ 且 $\lim\limits_{n\to\infty}B_n=B$，由此可得定理 4.1.2.

定理 4.1.2 复数项级数 $\sum\limits_{n=1}^{\infty}\alpha_n$ 收敛的充要条件是级数 $\sum\limits_{n=1}^{\infty}a_n$ 和 $\sum\limits_{n=1}^{\infty}b_n$ 均

收敛.

复数项级数的收敛性问题可以转化为两个实数项级数的收敛性问题来讨论.

【例 4.1.3】 复数项级数 $\sum_{n=1}^{\infty}\left(\frac{1}{n}+\mathrm{i}\,\frac{1}{2^n}\right)$ 是否收敛?

解 因为级数 $\sum_{n=1}^{\infty}\frac{1}{n}$ 发散，级数 $\sum_{n=1}^{\infty}\frac{1}{2^n}$ 收敛，由定理 4.1.2 知，原级数发散.

在实数项级数中有如下结论：若级数 $\sum_{n=1}^{\infty}a_n$ 收敛，则 $\lim_{n\to\infty}a_n=0$；若级数 $\sum_{n=1}^{\infty}b_n$ 收敛，则 $\lim_{n\to\infty}b_n=0$.

从而推得复数项级数收敛的必要条件是 $\lim_{n\to\infty}\alpha_n=0$.

推论 4.1.1 若复数项级数 $\sum_{n=1}^{\infty}\alpha_n$ 收敛，则 $\lim_{n\to\infty}\alpha_n=0$.

定义 4.1.3 若级数 $\sum_{n=1}^{\infty}|\alpha_n|$ 收敛，则称级数 $\sum_{n=1}^{\infty}\alpha_n$ 绝对收敛. 非绝对收敛的收敛级数称为条件收敛级数.

定理 4.1.3 若级数 $\sum_{n=1}^{\infty}|\alpha_n|$ 收敛，则 $\sum_{n=1}^{\infty}\alpha_n$ 也收敛.

证明 因为 $|a_n|\leqslant\sqrt{a_n^2+b_n^2}=|\alpha_n|$，又因为 $\sum_{n=1}^{\infty}|\alpha_n|$ 收敛，根据正项级数比较判别法知，$\sum_{n=1}^{\infty}|a_n|$ 收敛，即实数项级数绝对收敛，因而有 $\sum_{n=1}^{\infty}a_n$ 收敛，同理 $\sum_{n=1}^{\infty}b_n$ 收敛，即有 $\sum_{n=1}^{\infty}\alpha_n$ 也收敛.

定理 4.1.4 级数 $\sum_{n=1}^{\infty}\alpha_n$ 绝对收敛的充要条件是级数 $\sum_{n=1}^{\infty}a_n$ 和级数 $\sum_{n=1}^{\infty}b_n$ 均绝对收敛.

证明 **必要性** 因为 $|a_n|\leqslant\sqrt{a_n^2+b_n^2}=|\alpha_n|$，$|b_n|\leqslant\sqrt{a_n^2+b_n^2}=|\alpha_n|$，若级数 $\sum_{n=1}^{\infty}\alpha_n$ 绝对收敛，则级数 $\sum_{n=1}^{\infty}a_n$ 和级数 $\sum_{n=1}^{\infty}b_n$ 都绝对收敛.

充分性 由于 $|\alpha_n|=\sqrt{a_n^2+b_n^2}\leqslant|a_n|+|b_n|$，因此当级数 $\sum_{n=1}^{\infty}a_n$ 和级数 $\sum_{n=1}^{\infty}b_n$ 都绝对收敛时，级数 $\sum_{n=1}^{\infty}\alpha_n$ 绝对收敛.

【例 4.1.4】 判别下列级数的收敛性：

(1) $\sum_{n=1}^{\infty}\frac{\mathrm{i}^n}{n^3}$；

(2) $\sum_{n=1}^{\infty}\left[\frac{(-1)^n}{n}+\mathrm{i}\frac{1}{2^n}\right]$.

解 (1) 因为 $\sum_{n=1}^{\infty}\left|\frac{\mathrm{i}^n}{n^3}\right|=\sum_{n=1}^{\infty}\frac{1}{n^3}$，而级数 $\sum_{n=1}^{\infty}\frac{1}{n^3}$ 收敛，所以 $\sum_{n=1}^{\infty}\frac{\mathrm{i}^n}{n^3}$ 绝对收敛.

(2) 因为 $\sum_{n=1}^{\infty}\frac{(-1)^n}{n}$ 交错级数收敛，$\sum_{n=1}^{\infty}\frac{1}{2^n}$ 收敛，所以 $\sum_{n=1}^{\infty}\left[\frac{(-1)^n}{n}+\mathrm{i}\frac{1}{2^n}\right]$ 收敛.

§4.2 幂级数

4.2.1 幂级数的概念

定义 4.2.1 设 $\{f_n(z)\}(n=1,2,\cdots)$ 为一复变函数序列，其各项在区域 D 内有定义，

$$\sum_{n=1}^{\infty}f_n(z)=f_1(z)+f_2(z)+\cdots+f_n(z)+\cdots$$

称为复变函数项级数.

复变函数项级数的部分和，记为

$$s_n(z)=f_1(z)+f_2(z)+\cdots+f_n(z)$$

若 $z_0\in D$，且极限 $\lim_{n\to\infty}s_n(z_0)=s(z_0)$ 存在，则称级数 $\sum_{n=1}^{\infty}f_n(z)$ 在 z_0 处收敛，称 $s(z_0)$ 为它的和函数，记为

$$s(z_0)=f_1(z_0)+f_2(z_0)+\cdots+f_n(z_0)+\cdots$$

若级数在 D 内处处收敛，则称级数在 D 内收敛，这时级数的和是 D 内的一个函数 $s(z)$. 记为

$$s(z)=f_1(z)+f_2(z)+\cdots+f_n(z)+\cdots$$

$s(z)$ 称为级数 $\sum_{n=0}^{\infty}f_n(z)$ 的和函数.

定义 4.2.2 若 $f_n(z)=c_n(z-z_0)^n$，称级数 $\sum_{n=0}^{\infty}c_n(z-z_0)^n$ 为幂级数.

当 $z_0=0$ 时，幂级数 $\sum_{n=0}^{\infty}c_n(z-z_0)^n$ 化简为 $\sum_{n=0}^{\infty}c_nz^n$. 今后以幂级数 $\sum_{n=0}^{\infty}c_nz^n$

为例进行讨论.

4.2.2 幂级数的收敛性

定理 4.2.1 （阿贝尔定理）①如果幂级数 $\sum_{n=0}^{\infty} c_n z^n$ 在 z_0（$z_0 \neq 0$）处收敛，当 $|z| < |z_0|$ 时，那么级数 $\sum_{n=0}^{\infty} c_n z^n$ 绝对收敛. ②如果幂级数 $\sum_{n=0}^{\infty} c_n z^n$ 在 z_0 处发散，当 $|z| > |z_0|$ 时，那么级数 $\sum_{n=0}^{\infty} c_n z^n$ 发散.

证明 （1）由于幂级数 $\sum_{n=0}^{\infty} c_n z^n$ 在 z_0 处收敛，有 $\lim\limits_{n\to\infty} c_n z_0^n = 0$，因而存在正数 M，使得对所有的 n，都有 $|c_n z_0^n| < M$，于是有

$$|c_n z^n| = |c_n z_0^n| \left|\frac{z}{z_0}\right|^n < M\left|\frac{z}{z_0}\right|^n$$

当 $|z| < |z_0|$ 时，令 $q = \frac{|z|}{|z_0|} < 1$，即

$$|c_n z^n| = |c_n z_0^n| \left|\frac{z}{z_0}\right|^n < Mq^n$$

由于 $\sum_{n=0}^{\infty} Mq^n$ 为公比小于 1 的等比级数，因此级数 $\sum_{n=0}^{\infty} Mq^n$ 收敛，根据正项级数的比较判别法知 $\sum_{n=0}^{\infty} |c_n z^n|$ 收敛，从而 $\sum_{n=0}^{\infty} c_n z^n$ 绝对收敛.

（2）反证法：假设当 $|z| > |z_0|$ 时，级数 $\sum_{n=0}^{\infty} |c_n z^n|$ 收敛，由（1）知，幂级数 $\sum_{n=0}^{\infty} c_n z^n$ 在 z_0 收敛，与题设矛盾，定理得证.

阿贝尔定理的几何意义：

（1）若级数在 z_0 处收敛，则在以原点为中心，半径为 $|z_0|$ 的圆内，级数绝对收敛.

（2）若级数在 z_0 处发散，则在以原点为中心，半径为 $|z_0|$ 的圆外，级数发散.

4.2.3 收敛圆与收敛半径

定义 4.2.3 若存在圆 $|z| = R$，使得级数在圆内绝对收敛，而在圆外发散，则称圆域 $|z| < R$ 为级数的收敛圆，R 称为收敛半径.

下面以幂级数 $\sum_{n=0}^{\infty} c_n z^n$ 为例，讨论幂级数的收敛半径.

定理 4.2.2 （比值法）如果$\lim_{n\to\infty}\left|\frac{c_{n+1}}{c_n}\right|=\lambda$，那么收敛半径为$R=\frac{1}{\lambda}$，$\lambda\neq 0$.

证明 由于

$$\lim_{n\to\infty}\frac{|c_{n+1}||z|^{n+1}}{|c_n||z|^n}=\lim_{n\to\infty}\frac{|c_{n+1}|}{|c_n|}|z|=\lambda|z|$$

故知，当$|z|<\frac{1}{\lambda}$时，$\sum_{n=0}^{\infty}|c_n||z|^n$ 收敛，故级数 $\sum_{n=0}^{\infty} c_n z^n$ 在圆$|z|=\frac{1}{\lambda}$内收敛.

再证，当$|z|>\frac{1}{\lambda}$时，级数 $\sum_{n=0}^{\infty} c_n z^n$ 发散.

假设在圆$|z|=\frac{1}{\lambda}$外有一点z_0，使得级数 $\sum_{n=0}^{\infty} c_n z_0^n$ 收敛. 在圆外再取一点 z_1，使$|z_1|<|z_0|$，那么根据阿贝尔定理，级数 $\sum_{n=0}^{\infty}|c_n||z_1^n|$ 必收敛，然而 $|z_1|>\frac{1}{\lambda}$，及

$$\lim_{n\to\infty}\frac{|c_{n+1}||z_1|^{n+1}}{|c_n||z_1|^n}=\lim_{n\to\infty}\frac{|c_{n+1}|}{|c_n|}|z_1|=\lambda|z_1|>1$$

这与级数 $\sum_{n=0}^{\infty}|c_n||z_1^n|$ 收敛矛盾. 因而$\sum_{n=0}^{\infty} c_n z^n$ 在$|z|=\frac{1}{\lambda}$外发散. 这表明收敛半径为$R=\frac{1}{\lambda}$.

定理 4.2.3 （根值法）如果$\lim_{n\to\infty}\sqrt[n]{|c_n|}=\mu\neq 0$，那么收敛半径为$R=\frac{1}{\mu}$.

【例 4.2.1】 求下列幂级数的收敛半径，并考虑收敛情况.

（1）幂级数为 $\sum_{n=1}^{\infty}\frac{1}{n^3}z^n$ 并讨论在收敛圆周上的情形；

（2）幂级数为 $\sum_{n=1}^{\infty}\frac{(z-1)^n}{n}$ 并讨论 $z=0$，2 时的情形；

（3）幂级数为 $\sum_{n=0}^{\infty}\cos(\mathrm{i}n)z^n$.

解 （1）因为$c_n=\frac{1}{n^3}$，$\lim_{n\to\infty}\left|\frac{c_{n+1}}{c_n}\right|=\lim_{n\to\infty}\frac{n^3}{(n+1)^3}=1$，收敛半径$R=1$. 在圆周$|z|=1$上，$\sum_{n=1}^{\infty}\left|\frac{1}{n^3}z^n\right|=\sum_{n=1}^{\infty}\frac{1}{n^3}$ 收敛，所以原级数在收敛圆周上处处收敛.

(2) 因为 $c_n=\frac{1}{n}$，$\lim\limits_{n\to\infty}\left|\frac{c_{n+1}}{c_n}\right|=\lim\limits_{n\to\infty}\frac{n}{n+1}=1$，收敛半径 $R=1$. 在收敛圆周 $|z-1|=1$ 上，当 $z=0$ 时，原级数为 $\sum\limits_{n=1}^{\infty}\frac{(-1)^n}{n}$ 为交错级数，故级数收敛. 当 $z=2$ 时，原级数为 $\sum\limits_{n=1}^{\infty}\frac{1}{n}$ 为调和级数，故级数发散.

这个算例表明，在收敛圆周上既有收敛点又有发散点.

(3) 因为 $c_n=\cos(\mathrm{i}n)=\frac{\mathrm{e}^n+\mathrm{e}^{-n}}{2}$，所以

$$\lim_{n\to\infty}\left|\frac{c_{n+1}}{c_n}\right|=\lim_{n\to\infty}\frac{\mathrm{e}^{n+1}+\mathrm{e}^{-n-1}}{\mathrm{e}^n+\mathrm{e}^{-n}}=\mathrm{e}$$

故收敛半径 $R=\frac{1}{\mathrm{e}}$.

4.2.4 幂级数的运算

设幂级数 $\sum\limits_{n=0}^{\infty}a_nz^n=f(z)$，收敛圆为 $|z|<r_1$，幂级数 $\sum\limits_{n=0}^{\infty}b_nz^n=g(z)$，收敛圆为 $|z|<r_2$，则有

$$\sum_{n=0}^{\infty}a_nz^n\pm\sum_{n=0}^{\infty}b_nz^n=\sum_{n=0}^{\infty}(a_n\pm b_n)z^n=f(z)\pm g(z),|z|<R=\min\{r_1,r_2\}$$

$$\begin{aligned}\left(\sum_{n=0}^{\infty}a_nz^n\right)\left(\sum_{n=0}^{\infty}b_nz^n\right)&=\sum_{n=0}^{\infty}(a_nb_0+\cdots+a_0b_n)z^n\\&=f(z)g(z),|z|<R=\min\{r_1,r_2\}\end{aligned}$$

$$\sum_{n=0}^{\infty}a_n[g(z)]^n=f[g(z)],|g(z)|<r_1$$

更重要的是代换运算，以后会经常用到.

所谓代换运算就是把幂级数中的变量 z 看成函数，即用函数代换 z. 代换运算是函数展开成幂级数的常用方法.

【例 4.2.2】 把 $\frac{1}{z-b}$ 表示成形如 $\sum\limits_{n=0}^{\infty}c_n(z-a)^n$ 的幂级数，其中 a 与 b 是不相等的复数.

解 借助于

$$\frac{1}{1-z}=1+z+z^2+\cdots+z^n+\cdots,|z|<1$$

先将 $\frac{1}{z-b}$ 变成 $\frac{1}{1-g(z)}$ 的形式，然后用代换法，有

$$\frac{1}{z-b}=\frac{1}{(z-a)-(b-a)}=-\frac{1}{(b-a)}\frac{1}{1-\frac{z-a}{b-a}}$$

当$\left|\frac{z-a}{b-a}\right|<1$时，有

$$\frac{1}{1-\frac{z-a}{b-a}}=1+\frac{z-a}{b-a}+\left(\frac{z-a}{b-a}\right)^2+\cdots+\left(\frac{z-a}{b-a}\right)^n+\cdots$$

于是

$$\begin{aligned}\frac{1}{z-b}&=-\frac{1}{(b-a)}\frac{1}{1-\frac{z-a}{b-a}}\\&=-\frac{1}{(b-a)}\left[1+\frac{z-a}{b-a}+\left(\frac{z-a}{b-a}\right)^2+\cdots+\left(\frac{z-a}{b-a}\right)^n+\cdots\right]\\&=-\frac{1}{(b-a)}-\frac{1}{(b-a)^2}(z-a)-\cdots-\frac{1}{(b-a)^{n+1}}(z-a)^n-\cdots\end{aligned}$$

由等比级数知，当$\left|\frac{z-a}{b-a}\right|<1$时，即$|z-a|<|b-a|$，级数收敛；当$\left|\frac{z-a}{b-a}\right|>1$时，即$|z-a|>|b-a|$级数发散. 故收敛半径$R=|b-a|$.

定理 4.2.4 设幂级数$\sum_{n=0}^{\infty}c_n(z-z_0)^n$的收敛半径为$R$，且$\sum_{n=0}^{\infty}c_n(z-z_0)^n=f(z)$，则

(1) 和函数$f(z)$在收敛圆$|z-z_0|<R$内是解析函数.

(2) 和函数$f(z)$在收敛圆$|z-z_0|<R$内的导数可以将其幂级数逐项求导得到，即

$$f'(z)=\sum_{n=1}^{\infty}c_n n(z-z_0)^{n-1}$$

(3) 和函数$f(z)$在收敛圆$|z-z_0|<R$内可以逐项积分. 即

$$\int_C f(z)\mathrm{d}z=\sum_{n=0}^{\infty}c_n\int_C(z-z_0)^n\mathrm{d}z$$

曲线C在收敛圆$|z-z_0|<R$内.

【例 4.2.3】 将函数$\frac{1}{1+z}$和$\frac{1}{(1+z)^2}$展开成z的幂级数.

解 借助于等比级数

$$\frac{1}{1-z}=1+z+z^2+\cdots+z^n+\cdots,\ |z|<1$$

将等比级数中的z用$-z$代替，得

$$\frac{1}{1+z}=1-z+z^2+\cdots+(-1)^n z^n+\cdots, |z|<1$$

两端同时对 z 求导，有

$$-\frac{1}{(1+z)^2}=-1+2z-3z^2+\cdots+(-1)^n nz^{n-1}+\cdots, |z|<1$$

即

$$\frac{1}{(1+z)^2}=1-2z+3z^2+\cdots+(-1)^n(n+1)z^n+\cdots, |z|<1$$

[例 4.2.2] 和 [例 4.2.3] 都是以等比级数为基础，采用代换运算得到的幂级数，这是一个比较重要的方法，应该熟练掌握这种方法. 采用代换运算最大的好处就是展开成幂级数比较方便快捷.

§4.3 泰勒级数

通过幂级数的学习，我们知道幂级数的和函数在收敛圆内是解析函数. 反之，一个解析函数能否表示成幂级数？如果能表示成幂级数，那么如何求得表达式？下面就来介绍泰勒级数.

4.3.1 泰勒级数的概念

定理 4.3.1 （泰勒展开定理）设函数 $f(z)$ 在圆 K：$|z-z_0|<R$ 内解析，则在此圆内 $f(z)$ 可以展开为如下的幂级数

$$\sum_{n=0}^{\infty} c_n (z-z_0)^n$$

其中

$$c_n=\frac{1}{n!}f^{(n)}(z_0), n=0,1,2,\cdots$$

证明 泰勒展开区域如图 4-1 所示，在圆 K 内，以 z_0 为中心作一圆 C，半径为 r，在圆 C 内任取一点 z，圆 C 上的点记为 ζ，由柯西积分得

$$f(z)=\frac{1}{2\pi i}\oint_C \frac{f(\zeta)}{\zeta-z}d\zeta$$

因为 $\left|\frac{z-z_0}{\zeta-z_0}\right|<1$，由 [例 4.2.2] 得

$$\frac{1}{\zeta-z}=\frac{1}{\zeta-z_0-(z-z_0)}=-\frac{1}{\zeta-z_0}\frac{1}{1-\frac{z-z_0}{\zeta-z_0}}$$

$$=\sum_{n=0}^{\infty}\frac{1}{(\zeta-z_0)^{n+1}}(z-z_0)^n$$

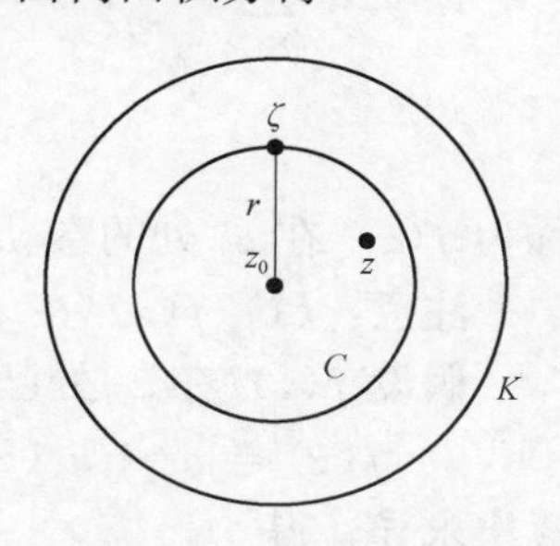

图 4-1 泰勒展开区域

于是有

$$f(z)=\frac{1}{2\pi i}\oint_C \frac{f(\zeta)}{\zeta-z}d\zeta=\frac{1}{2\pi i}\oint_C \sum_{n=0}^{\infty}\frac{f(\zeta)}{(\zeta-z_0)^{n+1}}(z-z_0)^n d\zeta$$

$$=\sum_{n=0}^{N-1}\left[\frac{1}{2\pi i}\oint_C \frac{f(\zeta)}{(\zeta-z_0)^{n+1}}d\zeta\right](z-z_0)^n+\frac{1}{2\pi i}\oint_C \sum_{n=N}^{\infty}\frac{f(\zeta)}{(\zeta-z_0)^{n+1}}(z-z_0)^n d\zeta$$

利用高阶导数公式，得

$$f(z)=\sum_{n=0}^{N-1}\frac{f^{(n)}(z_0)}{n!}(z-z_0)^n+R_N(z)$$

其中

$$R_N(z)=\frac{1}{2\pi i}\oint_C \sum_{n=N}^{\infty}\frac{f(\zeta)}{(\zeta-z_0)^{n+1}}(z-z_0)^n d\zeta$$

下面往证 $\lim\limits_{N\to\infty}R_N(z)=0$.

因为 $f(z)$ 在圆 K：$|z-z_0|<R$ 内解析，圆 C 在圆 K 内，解析一定连续，连续有界，故 $|f(\zeta)|\leqslant M$，令 $q=\left|\frac{z-z_0}{\zeta-z_0}\right|<1$，于是有

$$|R_N(z)|=\left|\frac{1}{2\pi i}\oint_C \sum_{n=N}^{\infty}\frac{f(\zeta)}{(\zeta-z_0)^{n+1}}(z-z_0)^n d\zeta\right|$$

$$\leqslant\frac{1}{2\pi}\oint_C \sum_{n=N}^{\infty}\frac{|f(\zeta)|}{|\zeta-z_0|}\frac{|z-z_0|^n}{|\zeta-z_0|^n}ds \tag{4-1}$$

$$\leqslant\frac{1}{2\pi}\sum_{n=N}^{\infty}\frac{M}{r}q^n\oint_C ds=\frac{1}{2\pi}\sum_{n=N}^{\infty}\frac{M}{r}q^n\cdot 2\pi r=\frac{Mq^N}{1-q}$$

因为 $\lim\limits_{N\to\infty}q^N=0$，对式（4-1）令 $N\to\infty$，故

$$\lim_{N\to\infty}R_N(z)=0$$

在圆 C 内成立. 让 $r\to R$，等式仍然成立，故命题得证.

称级数 $\sum\limits_{n=0}^{\infty}\frac{f^{(n)}(z_0)}{n!}(z-z_0)^n$ 为泰勒级数，表达式

$$f(z)=\sum_{n=0}^{\infty}\frac{f^{(n)}(z_0)}{n!}(z-z_0)^n$$

称为 $f(z)$ 在 z_0 处的泰勒展开式.

注意：(1) $f(z)$ 在 z_0 处的泰勒展开式是唯一的.

假设 $f(z)$ 在 z_0 处已经用另外方法展开成幂级数

$$f(z)=a_0+a_1(z-z_0)+a_2(z-z_0)^2+\cdots+a_n(z-z_0)^n+\cdots$$

逐次求导，得

$$f'(z)=a_1+2a_2(z-z_0)+\cdots+a_n n(z-z_0)^{n-1}+\cdots$$

于是有

$$f(z_0)=a_0, f'(z_0)=a_1$$

同理得

$$a_n=\frac{1}{n!}f^{(n)}(z_0), n=2,3,\cdots$$

由此可见，解析函数展开成幂级数的结果就是泰勒级数，因而是唯一的.

（2）若 $f(z)$ 在区域 D 内有奇点，则可选与 z_0 最近的奇点 α 的距离 R（$R=|z_0-\alpha|$）作为半径，$f(z)$ 在圆域 $|z-z_0|<R$ 内可展开为泰勒级数.

函数 $f(z)$ 在区域 D 内解析的充要条件是它在 D 内的每一点均可展开成泰勒级数.

4.3.2 泰勒级数的求法

可以直接应用定理 4.3.1 求得泰勒级数，也可以应用代换的方法求得泰勒级数.

1. 直接法，计算系数

【例 4.3.1】 求 $f(z)=e^z$ 在 $z=0$ 处的泰勒级数.

解 因为 $f^{(n)}(z)=e^z$，$f^{(n)}(0)=1$，于是

$$c_n=\frac{1}{n!}f^{(n)}(0)=\frac{1}{n!}, n=0,1,2,\cdots$$

即

$$e^z=\sum_{n=0}^{\infty}\frac{1}{n!}z^n=1+z+\frac{1}{2!}z^2+\cdots+\frac{1}{n!}z^n+\cdots$$

因为 $f(z)=e^z$ 在复平面内处处解析，所以收敛半径 $R=+\infty$.

应用类似的方法，可以求得

$$\sin z=z-\frac{1}{3!}z^3+\frac{1}{5!}z^5\cdots+(-1)^n\frac{1}{(2n+1)!}z^{2n+1}+\cdots, R=+\infty$$

$$\cos z=1-\frac{1}{2!}z^2+\frac{1}{4!}z^4\cdots+(-1)^n\frac{1}{(2n)!}z^{2n}+\cdots, R=+\infty$$

2. 间接法，运用代换

【例 4.3.2】 把函数 $f(z)=\frac{1}{z}$ 在 $z=1$ 处展开为泰勒级数.

解 当 $|z-1|<1$ 时，有

$$\frac{1}{z}=\frac{1}{1+(z-1)}=1-(z-1)+(z-1)^2+\cdots$$

【例 4.3.3】 把函数 $f(z)=\frac{1}{(z+1)(z+2)}$ 在 $z=1$ 处展开为泰勒级数.

解 因为

$$\frac{1}{(z+1)(z+2)}=\frac{1}{z+1}-\frac{1}{z+2}$$

因为

$$\frac{1}{z+1}=\frac{1}{z-1+2}=\frac{1}{2}\frac{1}{1+\frac{z-1}{2}}=\sum_{n=0}^{\infty}\frac{(-1)^n}{2^{n+1}}(z-1)^n,\left|\frac{z-1}{2}\right|<1$$

因为

$$\frac{1}{z+2}=\frac{1}{z-1+3}=\frac{1}{3}\frac{1}{1+\frac{z-1}{3}}=\sum_{n=0}^{\infty}\frac{(-1)^n}{3^{n+1}}(z-1)^n,\left|\frac{z-1}{3}\right|<1$$

所以

$$\begin{aligned}\frac{1}{(z+1)(z+2)}&=\frac{1}{z+1}-\frac{1}{z+2}\\&=\sum_{n=0}^{\infty}\left[\frac{(-1)^n}{2^{n+1}}-\frac{(-1)^n}{3^{n+1}}\right](z-1)^n,\ |z-1|<2\end{aligned}$$

【例 4.3.4】 把函数 $f(z)=\frac{1}{z^2}$ 在 $z=-1$ 处展开为泰勒级数.

解 因为

$$\begin{aligned}\frac{1}{z}&=-\frac{1}{1-(z+1)}\\&=-[1+(z+1)+(z+1)^2+\cdots+(z+1)^n+\cdots],\ |z+1|<1\end{aligned}$$

两边同时求导，得到

$$\frac{1}{z^2}=1+2(z+1)+3(z+1)^2+\cdots+n(z+1)^{n-1}+\cdots,\ |z+1|<1$$

§4.4 洛朗级数

通过上节的学习知道，一个在以 z_0 为中心的圆域内解析的函数 $f(z)$，可以在圆域内展成 $z-z_0$ 的幂级数，而幂级数中不包含负幂项部分. 在定义级数的时候可以含有负幂项，下面将探讨含有负幂项形式的级数.

4.4.1 双边幂级数

考虑如下形式的级数

$$\begin{aligned}\sum_{n=-\infty}^{+\infty}c_n(z-z_0)^n=&\cdots+c_{-n}(z-z_0)^{-n}+\cdots+c_{-1}(z-z_0)^{-1}\\&+c_0+c_1(z-z_0)+\cdots+c_n(z-z_0)^n+\cdots\end{aligned}\tag{4-2}$$

其中 z_0 和 $c_n(n=0, \pm1, \pm2, \cdots)$ 都是常数.

把式（4-2）分成含有正整幂项部分和含有负幂项部分来考虑：
正整幂项（包括常数项）部分为

$$\sum_{n=0}^{+\infty} c_n(z-z_0)^n = c_0 + c_1(z-z_0) + \cdots + c_n(z-z_0)^n + \cdots \tag{4-3}$$

负幂项部分为

$$\sum_{n=1}^{+\infty} c_{-n}(z-z_0)^{-n} = c_{-1}(z-z_0)^{-1} + \cdots + c_{-n}(z-z_0)^{-n} + \cdots \tag{4-4}$$

式（4-3）是一个普通的幂级数，它的收敛范围是圆域. 设它的收敛半径为 R_2，即当 $|z-z_0|<R_2$ 时，级数收敛；当 $|z-z_0|>R_2$ 时，级数发散.

式（4-4）是一个新类型的级数，如果令 $\zeta=(z-z_0)^{-1}$，那么式（4-4）变形为

$$\sum_{n=1}^{+\infty} c_{-n}(z-z_0)^{-n} = \sum_{n=1}^{+\infty} c_{-n}\zeta^n = c_{-1}\zeta + \cdots + c_{-n}\zeta^n + \cdots \tag{4-5}$$

对变量 ζ 而言，式（4-5）是一个普通的幂级数，设它的收敛半径为 R，即当 $|\zeta|<R$ 时，式（4-5）收敛；当 $|\zeta|>R$ 时，式（4-5）发散. 要考虑式（4-4）的收敛范围，只需要把 ζ 用 $(z-z_0)^{-1}$ 代替即可.

$$|\zeta| = |(z-z_0)^{-1}| = \frac{1}{|z-z_0|}$$

令 $R_1=\frac{1}{R}$，当 $|z-z_0|>R_1$ 时，式（4-4）收敛；当 $|z-z_0|<R_1$ 时，式（4-4）发散.

对于这种含有正幂项、负幂项的双边幂级数，一般规定：当且仅当式（4-3）与式（4-4）同时收敛，式（4-2）收敛，并把式（4-2）看作式（4-3）与式（4-4）的和.

当 $R_1>R_2$ 时，式（4-3）与式（4-4）没有公共的收敛范围，故式（4-2）发散；当 $R_1<R_2$ 时，式（4-3）与式（4-4）有公共的收敛范围（圆环域 $R_1<|z-z_0|<R_2$），式（4-2）在圆环域内收敛. 在圆环域的边界上可能有收敛点也可能有发散点.

现在已知双边幂级数的收敛范围是圆环域. 下面将研究在圆环域内解析的函数能否展开级数？如果能展开，展开式是什么样的？与泰勒级数有何差别？

下面先介绍部分分式.

【例 4.4.1】 将函数 $f(z)=\frac{1}{z(z-1)^2}$ 写成部分分式.

解 设

$$f(z)=\frac{A}{z-1}+\frac{B}{(z-1)^2}+\frac{C}{z}=\frac{(A+C)z^2+(-A+B-2C)z+C}{z(z-1)^2}$$

建立方程得

$$\begin{cases}A+C=0\\-A+B-2C=0\\C=1\end{cases}$$

解得

$$\begin{cases}A=-1\\B=1\\C=1\end{cases}$$

于是有

$$f(z)=\frac{-1}{z-1}+\frac{1}{(z-1)^2}+\frac{1}{z}$$

【例 4.4.2】 把函数 $f(z)=\frac{1}{z(1-z)}$ 在圆环域 $0<|z|<1$ 内展开为 z 的级数.

解 把函数 $f(z)$ 写成部分分式的和，即

$$f(z)=\frac{1}{z(1-z)}=\frac{1}{z}+\frac{1}{1-z}$$

当 $|z|<1$ 时，有

$$\frac{1}{1-z}=1+z+z^2+\cdots+z^n+\cdots$$

于是有

$$f(z)=\frac{1}{z(1-z)}=\frac{1}{z}+\frac{1}{1-z}=\frac{1}{z}+1+z+z^2+\cdots+z^n+\cdots$$

由［例 4.4.2］知，在圆环域内解析的函数是可以展成为级数的，只是这个级数含有负幂项. 可把这一事实写成定理.

4.4.2 洛朗展开

定理 4.4.1 设 $f(z)$ 在圆环域内 $R_1<|z-z_0|<R_2$ 处处解析，则在圆环域内有

$$f(z)=\sum_{n=-\infty}^{+\infty}c_n(z-z_0)^n$$

其中

$$c_n=\frac{1}{2\pi i}\oint_C\frac{f(\zeta)}{(\zeta-z_0)^{n+1}}d\zeta, n=0,\pm1,\pm2,\cdots$$

这里积分曲线 C 是在圆环域内围绕 z_0 的任何一条正向简单闭曲线.

证明 洛朗展开区域如图 4-2 所示，设 z 为圆环域内的任一点，在圆环域内作以 z_0 为中心的正向圆周 K_1 与 K_2，K_2 的半径 R 大于 K_1 的半径 r，且使得 z 在 K_1 与 K_2 之间，根据复合闭路的柯西积分公式得

$$f(z)=\frac{1}{2\pi i}\oint_{K_2}\frac{f(\zeta)}{\zeta-z}d\zeta-\frac{1}{2\pi i}\oint_{K_1}\frac{f(\zeta)}{\zeta-z}d\zeta \tag{4-6}$$

对于式（4-6）右端的第一个积分，积分变量 ζ 取在圆周 K_2 上，点 z 在 K_2 的内部，所以 $\left|\frac{z-z_0}{\zeta-z_0}\right|<1$，又由于 $f(\zeta)$ 在 K_2 上连续，因此存在一个常数 M，使得 $|f(\zeta)|\leqslant M$，可以用类似泰勒展开式的证明方法，推得

$$\frac{1}{2\pi i}\oint_{K_2}\frac{f(\zeta)}{\zeta-z}d\zeta=\sum_{n=0}^{\infty}\left[\frac{1}{2\pi i}\oint_{K_2}\frac{f(\zeta)}{(\zeta-z_0)^{n+1}}d\zeta\right](z-z_0)^n$$

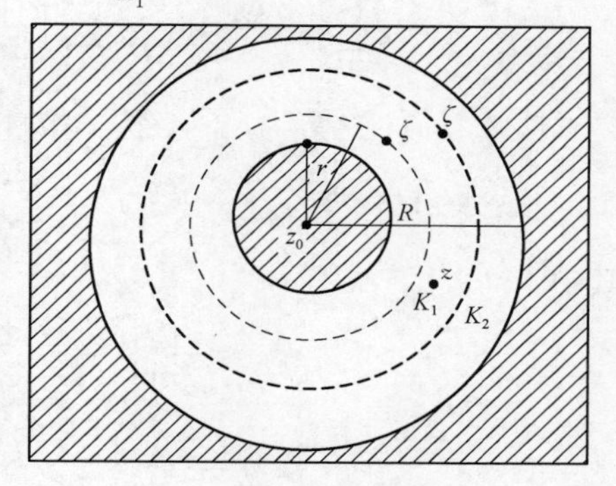

图 4-2 洛朗展开区域

应当指出，对积分 $\oint_{K_2}\frac{f(\zeta)}{(\zeta-z_0)^{n+1}}d\zeta$ 不能应用高阶导数公式，因为 $f(z)$ 在 K_2 内不是处处解析.

下面来考虑第二个积分 $-\frac{1}{2\pi i}\oint_{K_1}\frac{f(\zeta)}{\zeta-z}d\zeta$，由于积分变量 ζ 取在 K_1 上，点 z 在 K_1 的外部，因此 $\left|\frac{\zeta-z_0}{z-z_0}\right|<1$，有

$$\frac{1}{\zeta-z}=-\frac{1}{z-z_0}\frac{1}{1-\frac{\zeta-z_0}{z-z_0}}=-\sum_{n=1}^{\infty}\frac{(\zeta-z_0)^{n-1}}{(z-z_0)^n}=-\sum_{n=1}^{\infty}\frac{1}{(\zeta-z_0)^{-n+1}}(z-z_0)^{-n}$$

于是有

$$-\frac{1}{2\pi i}\oint_{K_1}\frac{f(\zeta)}{\zeta-z}d\zeta=\sum_{n=1}^{N-1}\left[\frac{1}{2\pi i}\oint_{K_1}\frac{f(\zeta)}{(\zeta-z_0)^{-n+1}}d\zeta\right](z-z_0)^{-n}+R_N(z)$$

其中

$$R_N(z)=\frac{1}{2\pi i}\oint_{K_1}\sum_{n=N}^{\infty}\left[\frac{(\zeta-z_0)^{n-1}f(\zeta)}{(z-z_0)^n}\right]d\zeta$$

现在往证，$\lim\limits_{N\to\infty}R_N(z)=0$.

在圆 K_1 的外部成立. 令 $q=\left|\frac{\zeta-z_0}{z-z_0}\right|=\frac{r}{|z-z_0|}$，显然 q 与积分变量 ζ 无关，因为 z 在圆 K_1 的外部，由于 $f(z)$ 在 K_1 上连续，即 $|f(z)|\leqslant M_1$，于是有

$$|R_N(z)|\leqslant\frac{1}{2\pi}\oint_{K_1}\sum_{n=N}^{\infty}\left[\frac{|f(\zeta)|}{|z-z_0|}\left|\frac{\zeta-z_0}{z-z_0}\right|^{n-1}\right]\mathrm{d}s\leqslant\frac{1}{2\pi}\sum_{n=N}^{\infty}\frac{M_1}{r}q^{n-1}2\pi r=\frac{M_1}{1-q}q^N$$

因为 $\lim\limits_{N\to\infty}q^N=0$，令 $N\to\infty$，所以 $\lim\limits_{N\to\infty}R_N(z)=0$. 从而有

$$-\frac{1}{2\pi\mathrm{i}}\oint_{K_1}\frac{f(\zeta)}{\zeta-z}\mathrm{d}\zeta=\sum_{n=1}^{\infty}\left[\frac{1}{2\pi\mathrm{i}}\oint_{K_1}\frac{f(\zeta)}{(\zeta-z_0)^{-n+1}}\mathrm{d}\zeta\right](z-z_0)^{-n}\tag{4-7}$$

综上所述，有

$$f(z)=\sum_{n=0}^{+\infty}c_n(z-z_0)^n+\sum_{n=1}^{+\infty}c_{-n}(z-z_0)^{-n}=\sum_{n=-\infty}^{+\infty}c_n(z-z_0)^n\tag{4-8}$$

其中

$$c_n=\frac{1}{2\pi\mathrm{i}}\oint_{K_2}\frac{f(\zeta)}{(\zeta-z_0)^{n+1}}\mathrm{d}\zeta,n=0,1,2,\cdots\tag{4-9}$$

$$c_{-n}=\frac{1}{2\pi\mathrm{i}}\oint_{K_1}\frac{f(\zeta)}{(\zeta-z_0)^{-n+1}}\mathrm{d}\zeta,n=1,2,\cdots\tag{4-10}$$

式（4-8）的系数由式（4-9）和式（4-10）给出. 如果在圆环域内取围绕 z_0 的任何一条正向简单闭曲线 C，那么根据闭路变形原理，这两个表达式可用一个来表示，即

$$c_n=\frac{1}{2\pi\mathrm{i}}\oint_C\frac{f(\zeta)}{(\zeta-z_0)^{n+1}}\mathrm{d}\zeta,n=0,\pm1,\pm2,\cdots\tag{4-11}$$

定理得证.

$f(z)=\sum\limits_{n=-\infty}^{+\infty}c_n(z-z_0)^n$ 称为函数 $f(z)$ 在以 z_0 为中心的圆环域 $R_1<|z-z_0|<R_2$ 内的洛朗展开式，它右端的级数称为 $f(z)$ 在此圆环域内的洛朗级数.

洛朗级数中正整次幂部分、负整次幂部分分别称为洛朗级数的解析部分和主要部分.

在许多应用中，往往需要把在某点 z_0 不解析，但在 z_0 的去心邻域内解析的函数 $f(z)$ 展开成级数，那么就应用洛朗级数来展开.

注意：若函数 $f(z)$ 在圆环域 $R_1<|z-z_0|<R_2$ 内可展开成洛朗级数，那么展开式是唯一的.

设 $f(z)$ 还有另一展开式

$$f(z)=\sum_{n=-\infty}^{+\infty} d_n\,(z-z_0)^n$$

乘以$\dfrac{1}{(z-z_0)^{m+1}}$得

$$\frac{f(z)}{(z-z_0)^{m+1}}=\sum_{n=-\infty}^{+\infty} d_n\frac{1}{(z-z_0)^{m+1-n}}$$

设C为圆环域内围绕z_0的任何一条正向简单闭曲线，将其逐项沿曲线C积分，并注意到结论

$$\oint_C\frac{1}{(z-z_0)^{m-n+1}}\mathrm{d}z=\begin{cases}2\pi\mathrm{i}, n=m\\0, n\neq m\end{cases}$$

于是有

$$\oint_C\frac{f(z)}{(z-z_0)^{m+1}}\mathrm{d}z=\sum_{n=-\infty}^{+\infty} d_n\oint_C\frac{1}{(z-z_0)^{m+1-n}}\mathrm{d}z=d_m 2\pi\mathrm{i}$$

于是

$$d_m=\frac{1}{2\pi\mathrm{i}}\oint_C\frac{f(z)}{(z-z_0)^{m+1}}\mathrm{d}z$$

可见，$d_m=c_m$，即两个展开式的系数相同，因此展开式唯一.

知道了洛朗展开式的唯一性，只要求出形如$f(z)=\sum\limits_{n=-\infty}^{+\infty} c_n(z-z_0)^n$的级数，且在圆环域$R_1<|z-z_0|<R_2$内收敛即可.

下面研究洛朗展开式的求法. 洛朗展开式也有直接法和间接法，直接法就是直接计算洛朗级数的系数，间接法就是利用代换的方法.

展开的洛朗级数有两种形式，第一种展开成$\sum\limits_{n=-\infty}^{+\infty} c_n z^n$形式的洛朗级数，该级数要在以原点为中心的圆环域内进行展开，展开为z的形式；第二种展开成$\sum\limits_{n=-\infty}^{+\infty} c_n(z-z_0)^n$形式的洛朗级数，该级数要在以$z_0$为中心的圆环域内进行展开，展开为$z-z_0$的形式.

【例 4.4.3】 把函数$f(z)=\dfrac{\mathrm{e}^z}{z^2}$在圆环域$0<|z|<+\infty$内展开成形如$\sum\limits_{n=-\infty}^{+\infty} c_n z^n$的洛朗级数.

解 1. 直接法

计算系数. 当$n\leqslant-3$时，由柯西-古萨基本定理得，$c_n=0$. 当$n\geqslant-2$时，由高阶导数公式得

$$c_n=\frac{1}{2\pi i}\oint_C\frac{e^{\zeta}}{\zeta^{n+3}}d\zeta=\frac{1}{(n+2)!}(e^{\zeta})^{(n+2)}\mid_{\zeta=0}=\frac{1}{(n+2)!}$$

因此

$$f(z)=\frac{e^z}{z^2}=\sum_{n=-2}^{+\infty}\frac{1}{(n+2)!}z^n=\frac{1}{z^2}+\frac{1}{z}+\frac{1}{2!}+\frac{1}{3!}z+\frac{1}{4!}z^2+\cdots$$

2. 间接法

根据洛朗级数的唯一性，可以用代换的办法更快求得洛朗级数.

$$f(z)=\frac{e^z}{z^2}=\frac{1}{z^2}\left(1+z+\frac{1}{2!}z^2+\frac{1}{3!}z^3\cdots\right)=\frac{1}{z^2}+\frac{1}{z}+\frac{1}{2!}+\frac{1}{3!}z+\frac{1}{4!}z^2+\cdots$$

通过两种方法的对比发现，利用间接法求洛朗级数更快速. 这也是经常被采用的方法.

【例 4.4.4】 将函数 $f(z)=\frac{1}{(z-1)(z-2)}$ 分别在圆环域①$0<|z|<1$；②$1<|z|<2$；③$2<|z|<+\infty$内展开成形如 $\sum_{n=-\infty}^{+\infty}c_nz^n$ 的洛朗级数.

解 首先将 $f(z)$ 写成部分分式

$$f(z)=-\frac{1}{z-1}+\frac{1}{z-2}$$

(1) 在 $0<|z|<1$ 内，知$|z|<1$，$\left|\frac{z}{2}\right|<1$，于是

$$f(z)=-\frac{1}{z-1}+\frac{1}{z-2}=\frac{1}{1-z}-\frac{1}{2}\frac{1}{1-\frac{z}{2}}$$

$$=\sum_{n=0}^{\infty}z^n+\left(-\frac{1}{2}\right)\left[\sum_{n=0}^{\infty}\left(\frac{z}{2}\right)^n\right]=\sum_{n=0}^{\infty}\left(1-\frac{1}{2^{n+1}}\right)z^n$$

(2) 在 $1<|z|<2$ 内，知$\left|\frac{1}{z}\right|<1$，$\left|\frac{z}{2}\right|<1$，于是

$$f(z)=-\frac{1}{z-1}+\frac{1}{z-2}=-\frac{1}{z}\frac{1}{1-\frac{1}{z}}-\frac{1}{2}\frac{1}{1-\frac{z}{2}}$$

$$=-\frac{1}{z}\left[\sum_{n=0}^{\infty}\left(\frac{1}{z}\right)^n\right]+\left(-\frac{1}{2}\right)\left[\sum_{n=0}^{\infty}\left(\frac{z}{2}\right)^n\right]=-\sum_{n=0}^{\infty}\frac{z^n}{2^{n+1}}-\sum_{n=0}^{\infty}\frac{1}{z^{n+1}}$$

(3) 在 $2<|z|<+\infty$内，知$\left|\frac{1}{z}\right|<1$，$\left|\frac{2}{z}\right|<1$，于是有

$$f(z)=-\frac{1}{z-1}+\frac{1}{z-2}=-\frac{1}{z}\frac{1}{1-\frac{1}{z}}+\frac{1}{z}\frac{1}{1-\frac{2}{z}}$$

$$=-\frac{1}{z}\left[\sum_{n=0}^{\infty}\left(\frac{1}{z}\right)^{n}\right]+\frac{1}{z}\left[\sum_{n=0}^{\infty}\left(\frac{2}{z}\right)^{n}\right]=\sum_{n=1}^{\infty}\frac{2^{n-1}-1}{z^{n}}$$

【例 4.4.5】 将函数 $f(z)=\frac{1}{(z-1)(z-2)}$ 分别在圆环域①$0<|z-1|<1$；②$0<|z-2|<1$ 内展开成形如 $\sum_{n=-\infty}^{+\infty}c_n(z-z_0)^n$ 的洛朗级数.

解 (1) 在 $0<|z-1|<1$ 内，有 $|z-1|<1$，于是有

$$f(z)=\frac{1}{(z-1)(z-2)}=-\frac{1}{z-1}\frac{1}{1-(z-1)}$$

$$=-\frac{1}{z-1}\sum_{n=0}^{\infty}(z-1)^{n}=-\sum_{n=0}^{\infty}(z-1)^{n-1}$$

(2) 在 $0<|z-2|<1$ 内，有 $|z-2|<1$，于是有

$$f(z)=\frac{1}{(z-2)(z-1)}=\frac{1}{z-2}\frac{1}{1+(z-2)}$$

$$=\frac{1}{z-2}\sum_{n=0}^{\infty}(-1)^{n}(z-2)^{n}=\sum_{n=0}^{\infty}(-1)^{n}(z-2)^{n-1}$$

在定理 4.4.1 中，设 $f(z)$ 在圆环域内 $R_1<|z-z_0|<R_2$ 处处解析，则在圆环域内有

$$f(z)=\sum_{n=-\infty}^{+\infty}c_n(z-z_0)^n$$

其中

$$c_n=\frac{1}{2\pi i}\oint_C\frac{f(\zeta)}{(\zeta-z_0)^{n+1}}d\zeta,n=0,\pm1,\pm2,\cdots$$

这里积分曲线 C 是在圆环域内围绕 z_0 的任何一条正向简单闭曲线.

如果令 $n=-1$，有如下公式成立.

$$c_{-1}=\frac{1}{2\pi i}\oint_C f(\zeta)d\zeta \text{ 或 } \oint_C f(\zeta)d\zeta=2\pi i c_{-1}$$

这里给计算复变函数积分提供了另外的一种方法. 可先将 $f(z)$ 在圆环域 $R_1<|z-z_0|<R_2$ 内展开成洛朗级数，求得负一次幂项的系数 c_{-1}，然后计算积分.

【例 4.4.6】 计算 $\oint_{|z|=2}\frac{\sin z}{z^2}dz$.

解 因为 $f(z)=\frac{\sin z}{z^2}$ 在圆环域 $0<|z|<+\infty$ 内解析，可展开成洛朗级数

$$f(z)=\frac{\sin z}{z^2}=\frac{1}{z^2}\left(z-\frac{1}{3!}z^3+\frac{1}{5!}z^5+\cdots\right)=\frac{1}{z}-\frac{1}{3!}z+\frac{1}{5!}z^3+\cdots$$

于是 $c_{-1}=1$，所以有

$$\oint_{|z|=2}\frac{\sin z}{z^2}dz=2\pi i c_{-1}=2\pi i\times 1=2\pi i$$

另解 可以通过高阶导数求得积分.

$$\oint_{|z|=2}\frac{\sin z}{z^2}dz=\frac{2\pi i}{1!}\sin' z\,|_{z=0}=2\pi i\cos z\,|_{z=0}=2\pi i$$

两种方法求得积分结果相同.

【例 4.4.7】 计算 $\oint_{|z|=2} z^m e^{\frac{1}{z}}dz(m\geqslant 1)$.

解 被积函数 $f(z)=z^m e^{\frac{1}{z}}$ 在圆环域 $0<|z|<+\infty$ 内解析，可以展开成洛朗级数

$$\begin{aligned}f(z)&=z^m\left(1+\frac{1}{z}+\frac{1}{2!z^2}+\frac{1}{3!z^3}+\cdots+\frac{1}{n!z^n}+\cdots\right)\\&=z^m+z^{m-1}+\cdots+\frac{1}{(m+1)!z}+\cdots\end{aligned}$$

$$\oint_{|z|=2} z^m e^{\frac{1}{z}}dz=2\pi i c_{-1}=2\pi i\times\frac{1}{(m+1)!}=\frac{2}{(m+1)!}\pi i$$

【例 4.4.8】 计算 $\oint_{|z|=2}\frac{z}{1-z}e^{\frac{1}{z}}dz$.

解 被积函数 $f(z)=\frac{z}{1-z}e^{\frac{1}{z}}$ 在圆环域 $1<|z|<+\infty$ 内解析，可以展开成洛朗级数有

$$\begin{aligned}f(z)&=-\frac{e^{\frac{1}{z}}}{1-\frac{1}{z}}=-\left(1+\frac{1}{z}+\frac{1}{z^2}+\frac{1}{z^3}+\cdots\right)\left(1+\frac{1}{z}+\frac{1}{2!z^2}+\frac{1}{3!z^3}+\cdots\right)\\&=-\left(1+\frac{2}{z}+\frac{5}{2z^2}+\cdots\right)\end{aligned}$$

$$\oint_{|z|=2}\frac{z}{1-z}e^{\frac{1}{z}}dz=2\pi i c_{-1}=2\pi i\times(-2)=-4\pi i$$

习题 4

1. 下列数列 $\{\alpha_n\}$ 是否收敛，如果收敛，求出它们的极限.

(1) $\alpha_n=\frac{1+ni}{1-ni}$;

(2) $\alpha_n=\left(1+\frac{i}{2}\right)^{-n}$;

(3) $\alpha_n=(-1)^n+\frac{\mathrm{i}}{n+1}$；

(4) $\alpha_n=\frac{1}{n}\mathrm{e}^{-\frac{n\pi\mathrm{i}}{2}}$.

2. 证明：

$$\lim_{n\to\infty}\alpha^n=\begin{cases}0,|\alpha|<1\\ \infty,|\alpha|>1\\ 1,\alpha=1\\ \text{不存在},|\alpha|=1,\alpha\neq 1\end{cases}$$

3. 判别下列级数的绝对收敛性与收敛性.

(1) $\sum_{n=1}^{\infty}\frac{\mathrm{i}^n}{n}$；

(2) $\sum_{n=0}^{\infty}\frac{(6+5\mathrm{i})^n}{8^n}$.

4. 求下列幂级数的收敛半径.

(1) $\sum_{n=1}^{\infty}\frac{z^n}{n^p}$($p$ 为正整数)；

(2) $\sum_{n=1}^{\infty}\frac{(n!)^2}{n^n}z^n$；

(3) $\sum_{n=0}^{\infty}(1+\mathrm{i})^n z^n$；

(4) $\sum_{n=1}^{\infty}\mathrm{e}^{\mathrm{i}\frac{\pi}{n}}z^n$.

5. 把下列各函数展开成 z 的幂级数，并指出它们的收敛半径.

(1) $\frac{1}{1+z^3}$；

(2) $\frac{1}{(1+z^2)^2}$；

(3) $\cos(z^2)$；

(4) $\mathrm{e}^{\frac{z}{z-1}}$.

6. 求下列各函数在指定点 z_0 处的泰勒展开式，并指出它们的收敛半径.

(1) $\frac{z-1}{z+1}$，$z_0=1$；

(2) $\frac{z}{(z+1)(z+2)}$，$z_0=2$；

(3) $\frac{1}{z^2}$，$z_0=-1$；

(4) $\dfrac{1}{4-3z}$，$z_0=1+\mathrm{i}$.

7. 把下列各函数在指定的圆环域内展开成洛朗级数.

(1) $\dfrac{1}{(z^2+1)(z-2)}$，$1<|z|<2$；

(2) $\dfrac{1}{z(1-z)^2}$，$0<|z-1|<1$；

(3) $\dfrac{1}{(z-1)(z-2)}$，$1<|z-2|<+\infty$；

(4) $\mathrm{e}^{\frac{1}{1-z}}$，$1<|z|<+\infty$.

8. 求下列积分.

(1) $\oint\limits_{|z|=3}\dfrac{1}{z(z+2)}\mathrm{d}z$；

(2) $\oint\limits_{|z|=3}\dfrac{z+2}{z(z+1)}\mathrm{d}z$；

(3) $\oint\limits_{|z|=3}\dfrac{1}{z(z+1)^2}\mathrm{d}z$；

(4) $\oint\limits_{|z|=3}\dfrac{z}{(z+1)(z+2)}\mathrm{d}z$.

5 留　数

本章以洛朗级数为工具，继续研究复变函数积分. 在这一章中，首先介绍孤立奇点及其分类、零点与极点的关系，然后给出留数的定义和计算方法，最后讨论留数在定积分中的应用，解决了在高等数学课程中难以计算的复杂积分.

§5.1　孤立奇点

5.1.1　孤立奇点及其类型

定义 5.1.1　设 $f(z)$ 在 z_0 不解析，但在 z_0 的去心邻域 $0<|z-z_0|<\delta$ 内解析，则称 z_0 为 $f(z)$ 的孤立奇点.

例如，$z=0$ 是函数 $\frac{1}{z}$ 和 $e^{\frac{1}{z}}$ 的孤立奇点. 孤立奇点一定是奇点，但奇点不一定都是孤立奇点.

例如，$z=0$ 是 $\dfrac{1}{\sin\frac{1}{z}}$ 的奇点，但不是孤立奇点. 因为，当 $\frac{1}{z}=n\pi$ 时，当 $n\to\infty$ 时，$z=\frac{1}{n\pi}\to 0$，这时在 $z=0$ 附近还有无穷多个奇点.

设 z_0 为 $f(z)$ 的孤立奇点，那么 $f(z)$ 在 z_0 的去心邻域内可以展开成洛朗级数

$$f(z)=\sum_{n=-\infty}^{+\infty}c_n(z-z_0)^n$$

洛朗级数的正整次幂项级数部分 $\sum\limits_{n=0}^{+\infty}c_n(z-z_0)^n$ 是在以 z_0 为中心的圆域内的解析函数（称为解析部分），故函数 $f(z)$ 的奇异性完全体现在负幂项的级数部分（称为主要部分）. 下面就洛朗级数的展开式中含有负幂项的情况进行分类.

定义 5.1.2　设 z_0 为 $f(z)$ 的孤立奇点，且在 z_0 的去心邻域内洛朗级数展

式有如下三种情况：

(1) 若洛朗展开式中没有负幂项，则称 z_0 为 $f(z)$ 的可去奇点；

(2) 若洛朗展开式中关于负幂 $(z-z_0)^{-1}$ 的项最高次为 $(z-z_0)^{-m}$，即

$$f(z)=c_{-m}(z-z_0)^{-m}+\cdots+c_{-1}(z-z_0)^{-1}+c_0+c_1(z-z_0)+\cdots, c_{-m}\neq 0$$

则称 z_0 为 $f(z)$ 的 m 级极点；

(3) 若洛朗展开式中包含有无穷多个 $(z-z_0)$ 的负幂项，则称 z_0 为 $f(z)$ 的本性奇点.

【例 5.1.1】 求下列函数的奇点并判断类型.

(1) $f_1(z)=\frac{\sin z}{z}$；

(2) $f_2(z)=\frac{\sin z}{z^2}$；

(3) $f_3(z)=\mathrm{e}^{\frac{1}{z}}$.

解 这三个函数的奇点都是 $z=0$，分别将其作洛朗展开，求得洛朗级数，然后依据定义判断类型.

(1) 洛朗展开式为

$$f_1(z)=\frac{\sin z}{z}=1-\frac{z^2}{3!}+\frac{z^4}{5!}+\cdots$$

其中不含有负幂项，因此，$z=0$ 是 $f_1(z)$ 的可去奇点.

(2) 洛朗展开式为

$$f_2(z)=\frac{\sin z}{z^2}=\frac{1}{z}-\frac{1}{3!}z+\frac{z^3}{5!}+\cdots$$

其中含有 z 的负幂，且最高负幂项为 $\frac{1}{z}$，因此，$z=0$ 是 $f_2(z)$ 的 1 级极点.

(3) 洛朗展开式为

$$f_3(z)=\mathrm{e}^{\frac{1}{z}}=1+\frac{1}{z}+\frac{1}{2!}\frac{1}{z^2}+\cdots+\frac{1}{n!}\frac{1}{z^n}+\cdots$$

其中含有无穷多个 z 的负幂，因此，$z=0$ 是 $f_3(z)$ 的本性奇点.

【例 5.1.2】 讨论如下函数当 $z\to 0$ 时的极限.

(1) $f_1(z)=\frac{\sin z}{z}$；

(2) $f_2(z)=\frac{\sin z}{z^2}$；

(3) $f_3(z)=\mathrm{e}^{\frac{1}{z}}$.

解 (1) $\lim\limits_{z\to 0}f_1(z)=\lim\limits_{z\to 0}\frac{\sin z}{z}=\lim\limits_{z\to 0}\frac{\cos z}{1}=1.$

(2) $\lim\limits_{z\to 0}f_2(z)=\lim\limits_{z\to 0}\frac{\sin z}{z^2}=\lim\limits_{z\to 0}\frac{\cos z}{2z}=\infty.$

(3) 当 z 沿着虚轴趋于 0 时，$\lim\limits_{z\to 0}f_3(z)=\lim\limits_{z\to 0}e^{\frac{1}{z}}$ 不存在，即 $\lim\limits_{z\to 0}e^{\frac{1}{iy}}=\lim\limits_{y\to 0}\left(\cos\frac{1}{y}-i\sin\frac{1}{y}\right)$ 不存在.

由［例 5.1.2］不难发现，如果 z_0 为 $f(z)$ 的可去奇点，那么 $\lim\limits_{z\to z_0}f(z)$ 存在且有限；如果 z_0 为 $f(z)$ 的极点，那么 $\lim\limits_{z\to z_0}f(z)=\infty$；如果 z_0 为 $f(z)$ 的本性奇点，那么 $\lim\limits_{z\to z_0}f(z)$ 不存在且不为∞.

反过来，结论也是成立的. 可以利用上述极限的不同情形来判别孤立奇点的类型.

5.1.2 孤立奇点类型的判别

定理 5.1.1 设函数 $f(z)$ 在去心邻域 $0<|z-z_0|<R$ 内解析，那么 z_0 为 $f(z)$ 的可去奇点的充要条件是存在极限 $\lim\limits_{z\to z_0}f(z)=c_0$，其中 c_0 为复数.

证明 **必要性** 已知 z_0 为 $f(z)$ 的可去奇点，故在去心邻域 $0<|z-z_0|<R$ 内有洛朗展开式，即

$$f(z)=c_0+c_1(z-z_0)^1+\cdots+c_n(z-z_0)^n+\cdots \tag{5-1}$$

因为式 (5-1) 右端的幂级数的收敛半径至少是 R，所以它的和函数在 $|z-z_0|<R$ 内解析，且有

$$\lim_{z\to z_0}f(z)=c_0$$

充分性 设在 $0<|z-z_0|<R$ 内，$f(z)$ 的洛朗级数为

$$f(z)=\sum_{n=-\infty}^{+\infty}c_n(z-z_0)^n$$

其中

$$c_n=\frac{1}{2\pi i}\oint_{C_\rho}\frac{f(\zeta)}{(\zeta-z_0)^{n+1}}d\zeta$$

C_ρ 是圆 $|z-z_0|=\rho$，$\rho<R$，$n=0,\ \pm 1,\ \pm 2,\ \cdots$，当 $z\to z_0$ 时，$f(z)$ 有极限，故存在正数 δ 和 M，使得当 $0<|z-z_0|<\delta$ 时，$|f(z)|\leqslant M$. 当 $\rho<\delta$ 时，有

$$|c_n|\leqslant\left|\frac{1}{2\pi i}\oint_{C_\rho}\frac{f(\zeta)}{(\zeta-z_0)^{n+1}}d\zeta\right|\leqslant\frac{1}{2\pi}M\frac{2\pi\rho}{\rho^{n+1}}=\frac{M}{\rho^n}$$

当 $n=-1,-2,\cdots$ 时，令 $\rho\to 0$，$c_n\to 0$，洛朗展开式中没有负幂项，因此 z_0 为 $f(z)$ 的可去奇点.

下面研究极点的特性. 设 $f(z)$ 在 $0<|z-z_0|<R$ 内解析，且 z_0 为 $f(z)$ 的 $m(m\geqslant 1)$ 级极点，在 $0<|z-z_0|<R$ 内，$f(z)$ 有洛朗展开式

$$f(z)=c_{-m}(z-z_0)^{-m}+\cdots+c_{-1}(z-z_0)^{-1}+c_0+c_1(z-z_0)+\cdots, c_{-m}\neq 0$$

令

$$\varphi(z)=c_{-m}+\cdots+c_0(z-z_0)^m+c_1(z-z_0)^{m+1}+\cdots$$

这里 $\varphi(z)$ 是一个在 $0<|z-z_0|<R$ 内解析的函数，并且 $\varphi(z_0)=c_{-m}\neq 0$. 于是有

$$f(z)=\frac{1}{(z-z_0)^m}\varphi(z)$$

反之，如果函数 $f(z)$ 在 $0<|z-z_0|<R$ 内可以表示成

$$f(z)=\frac{1}{(z-z_0)^m}\varphi(z)$$

其中 $\varphi(z)$ 在 $|z-z_0|<R$ 内解析，并且 $\varphi(z_0)\neq 0$，那么知道 z_0 为 $f(z)$ 的 m 级极点. 于是 z_0 为 $f(z)$ 的 m 级极点的充要条件是

$$f(z)=\frac{1}{(z-z_0)^m}\varphi(z)$$

其中 $\varphi(z)$ 在 z_0 处解析，并且 $\varphi(z_0)\neq 0$.

这个判别方法是定义的等价形式，应用起来更加方便，故经常用此法判别极点.

定理 5.1.2 设函数 $f(z)$ 在去心邻域 $0<|z-z_0|<R$ 内解析，那么 z_0 为 $f(z)$ 的极点的充要条件是 $\lim\limits_{z\to z_0}f(z)=\infty$

定理 5.1.1 和 5.1.2 的充要条件可以分别说成是存在有限或无穷的极限值.

定理 5.1.3 设函数 $f(z)$ 在去心邻域 $0<|z-z_0|<R$ 内解析，那么 z_0 为 $f(z)$ 的本性奇点的充要条件是不存在有限或无穷的极限，即 $\lim\limits_{z\to z_0}f(z)$ 不存在且不为无穷.

【例 5.1.3】 判别函数 $f(z)=\dfrac{\sin z}{z(z-2)^2}$ 的有限孤立奇点类型.

解 因为 $\lim\limits_{z\to 0}f(z)=\lim\limits_{z\to 0}\dfrac{\sin z}{z(z-2)^2}=\dfrac{1}{4}$，所以 $z=0$ 为 $f(z)$ 可去奇点.

又因为

$$f(z)=\frac{1}{(z-2)^2}\varphi(z)$$

令 $\varphi(z)=\frac{\sin z}{z}$，在 $z=2$ 附近解析，且 $\varphi(2)\neq 0$，因此 $z=2$ 为 $f(z)$ 的 2 级极点.

5.1.3 零点与极点的关系

定义 5.1.3 设 $f(z)=(z-z_0)^m\varphi(z)$，其中 $\varphi(z)$ 在 z_0 处解析，并且 $\varphi(z_0)\neq 0$，则称 z_0 为 $f(z)$ 的 m 级零点.

定理 5.1.4 设 $f(z)$ 在 z_0 解析，那么 z_0 为 $f(z)$ 的 m 级零点的充要条件是

$$f^{(n)}(z_0)=0; n=0,1,2,\cdots,m-1; f^{(m)}(z_0)\neq 0$$

证明 **必要性** 若 z_0 为 $f(z)$ 的 m 级零点，则 $f(z)=(z-z_0)^m\varphi(z)$，$\varphi(z)$ 在 z_0 解析，且 $\varphi(z_0)\neq 0$，假设 $\varphi(z)$ 在 z_0 处的泰勒展式为

$$\varphi(z)=c_0+c_1(z-z_0)+\cdots$$

$c_0=\varphi(z_0)\neq 0$，从而知 $f(z)$ 在 z_0 处的泰勒展式为

$$f(z)=c_0(z-z_0)^m+c_1(z-z_0)^{m+1}+\cdots$$

由此可见，当 $n=0$，1，2，…，$m-1$ 时，$f^{(n)}(z_0)=0$，而 $f^{(m)}(z_0)=c_0m!\neq 0$，这就证明了定理的必要性.

充分性 请读者证明.

【例 5.1.4】 设 $f(z)=z-\sin z$，问 $z=0$ 是 $f(z)$ 的几级零点？

解 因为 $f'(0)=(1-\cos z)\big|_{z=0}=0$，$f^{(2)}(0)=\sin z\big|_{z=0}=0$，$f^{(3)}(0)=\cos z\big|_{z=0}=1$，所以知 $z=0$ 是 $f(z)$ 的 3 级零点.

定理 5.1.5 若 z_0 为 $f(z)$ 的 m 级零点，则 z_0 为 $\frac{1}{f(z)}$ 的 m 级极点，反之也成立.

证明 若 z_0 为 $f(z)$ 的 m 级零点，设

$$f(z)=(z-z_0)^m\varphi(z)$$

$\varphi(z)$ 在 z_0 解析，且 $\varphi(z_0)\neq 0$，当 $z\neq z_0$ 时，有

$$\frac{1}{f(z)}=\frac{1}{(z-z_0)^m}\frac{1}{\varphi(z)}$$

令 $\frac{1}{\varphi(z)}=g(z)$，有

$$\frac{1}{f(z)}=\frac{1}{(z-z_0)^m}g(z)$$

$g(z)$ 在 z_0 解析，$g(z_0)=\frac{1}{\varphi(z_0)}\neq 0$，故 z_0 为 $\frac{1}{f(z)}$ 的 m 级极点.

反之，若 z_0 为 $\frac{1}{f(z)}$ 的 m 级极点，则有 $\frac{1}{f(z)}=\frac{1}{(z-z_0)^m}h(z)$，$h(z)$ 在 z_0

解析，$h(z_0)\neq0$，$f(z)=(z-z_0)^m\dfrac{1}{h(z)}$，$\dfrac{1}{h(z)}$在 z_0 解析，且$\dfrac{1}{h(z_0)}\neq0$，由定义得，z_0 为 $f(z)$ 的 m 级零点.

【例 5.1.5】 设 z_0 为 $f(z)$ 的 m 级零点，z_0 为 $g(z)$ 的 n 级零点，当 $m\neq n$ 时，讨论函数$\dfrac{f(z)}{g(z)}$在 z_0 的性质.

解 因为 z_0 为 $f(z)$ 的 m 级零点，设 $f(z)=(z-z_0)^m\varphi_1(z)$，$\varphi_1(z)$ 在 z_0 解析，且 $\varphi_1(z_0)\neq0$. z_0 为 $g(z)$ 的 n 级零点，设 $g(z)=(z-z_0)^n\varphi_2(z)$，$\varphi_2(z)$在 z_0 解析，且 $\varphi_2(z_0)\neq0$. 于是有

$$\frac{f(z)}{g(z)}=\frac{(z-z_0)^m\varphi_1(z)}{(z-z_0)^n\varphi_2(z)}=(z-z_0)^{m-n}\frac{\varphi_1(z)}{\varphi_2(z)}$$

令 $\varphi(z)=\dfrac{\varphi_1(z)}{\varphi_2(z)}$，于是

$$\frac{f(z)}{g(z)}=(z-z_0)^{m-n}\varphi(z)$$

因为 $\varphi(z)$ 在 z_0 解析，$\varphi(z_0)=\dfrac{\varphi_1(z_0)}{\varphi_2(z_0)}\neq0$，因此有

当 $m>n$ 时，z_0 为$\dfrac{f(z)}{g(z)}$的 $m-n$ 级零点.

当 $m<n$ 时，z_0 为$\dfrac{f(z)}{g(z)}$的 $n-m$ 级极点.

【例 5.1.6】 判别函数 $f(z)=\dfrac{e^z-1}{z^3}$的有限孤立奇点类型.

解 $z=0$ 为分子 e^z-1 的 1 级零点，$z=0$ 为分母 z^3 的 3 级零点，因此 $z=0$ 是 $f(z)$ 的 2 级极点.

5.1.4 函数在无穷远点的性态

前面讨论函数的解析性与孤立奇点都是在有限复平面内进行的，下面在扩充复平面上讨论函数在无穷远点的性态.

定义 5.1.4 如果函数 $f(z)$ 在无穷远点 $z=\infty$的去心邻域 $R<|z|<+\infty$ 内解析，那么称点∞为 $f(z)$ 的孤立奇点.

作变换 $t=\dfrac{1}{z}$，并且规定这个变换把扩充 z 平面上的无穷远点 $z=\infty$映射成 t 平面上的点 $t=0$，那么扩充 z 平面上每一个向无穷远点收敛的序列$\{z_n\}$与扩充 t 平面上向零收敛的序列$\left\{t_n=\dfrac{1}{z_n}\right\}$相对应，反过来也是这样. 同时，$t=\dfrac{1}{z}$把扩充 z 平面上∞的去心邻域 $R<|z|<+\infty$映射成 t 平面上原点的去心邻域 $0<$

$|t|<\frac{1}{R}$，注意到 $f(z)=f\left(\frac{1}{t}\right)=\varphi(t)$，这样，我们可以把在去心邻域 $R<|z|<+\infty$ 内对函数 $f(z)$ 的研究转化为在去心邻域 $0<|t|<\frac{1}{R}$ 内对函数 $\varphi(t)$ 的研究.

显然，$\varphi(t)$ 在去心邻域 $0<|t|<\frac{1}{R}$ 内是解析的，故 $t=0$ 是 $\varphi(t)$ 的孤立奇点.

规定：如果 $t=0$ 是 $\varphi(t)$ 的可去奇点、m 级极点或本性奇点，那么就称 $z=\infty$ 是 $f(z)$ 的可去奇点、m 级极点或本性奇点.

由于 $f(z)$ 在 $R<|z|<+\infty$ 内解析，因此在此圆环域内可以展开成洛朗级数

$$f(z)=\sum_{n=1}^{\infty}c_{-n}z^{-n}+c_0+\sum_{n=1}^{\infty}c_nz^n$$

其中

$$c_n=\frac{1}{2\pi i}\oint_C\frac{f(\zeta)}{\zeta^{n+1}}d\zeta(n=0,\pm1,\pm2,\cdots)$$

曲线 C 为在圆环域 $R<|z|<+\infty$ 内绕原点的任何一条正向简单闭曲线.

因此 $\varphi(t)$ 在圆环域 $0<|t|<\frac{1}{R}$ 内的洛朗级数为

$$\varphi(t)=\sum_{n=1}^{\infty}c_{-n}t^n+c_0+\sum_{n=1}^{\infty}c_nt^{-n}$$

如果在 $\varphi(t)$ 的洛朗级数中存在以下情况：①不含有 t 的负幂项；②含有有限多的负幂项，且 t^{-m} 为最高负幂项；③含有无穷多的负幂项. 那么 $t=0$ 是 $\varphi(t)$ 的可去奇点、m 级极点或本性奇点. 根据前面的规定，有如下结论.

洛朗级数 $f(z)=\sum_{n=1}^{\infty}c_{-n}z^{-n}+c_0+\sum_{n=1}^{\infty}c_nz^n$ 如果存在以下情况：①不含正幂项；②含有有限多的正幂项且 z^m 为最高正幂；③含有无穷多的正幂项. 那么 $z=\infty$ 是 $f(z)$ 的可去奇点、m 级极点、本性奇点.

【例 5.1.7】 讨论函数 $f(z)=\frac{z}{z+1}$ 在 $z=\infty$ 的性质.

解 因为 $f(z)=\frac{z}{z+1}$ 在 $1<|z|<+\infty$ 内解析，有

$$f(z)=\frac{z}{z+1}=\frac{1}{1+\frac{1}{z}}=1-\frac{1}{z}+\frac{1}{z^2}+\cdots$$

不含有正幂项，所以 $z=\infty$ 是 $f(z)$ 的可去奇点.

【例 5.1.8】 讨论函数 $f(z)=z+\frac{1}{z}$ 在 $z=\infty$ 的性质.

解 因为

$$f(z)=z+\frac{1}{z}$$

含正幂项，最高为 z，所以 $z=\infty$ 是 $f(z)$ 的 1 级极点.

【例 5.1.9】 讨论函数 $f(z)=\sin z$ 在 $z=\infty$ 的性质.

解 因为

$$f(z)=\sin z=z-\frac{z^3}{3!}+\frac{z^5}{5!}-\cdots$$

含有无穷多的正幂项，所以 $z=\infty$ 是 $f(z)$ 的本性奇点.

§5.2 留数

5.2.1 留数的概念

通过前面的学习，知道可以通过洛朗级数来计算积分.

设 z_0 为 $f(z)$ 的孤立奇点，$f(z)$ 在圆环域内 $0<|z-z_0|<R$ 解析，$f(z)$ 展开洛朗级数为

$$f(z)=\cdots+c_{-2}\frac{1}{(z-z_0)^2}+c_{-1}\frac{1}{z-z_0}+c_0+c_1(z-z_0)+\cdots$$

两边同时沿曲线 C 积分，其中 C 是在 z_0 的去心邻域内围绕 z_0 的任何一条正向简单闭曲线，因为

$$\oint_C\frac{1}{(z-z_0)^{n+1}}\mathrm{d}z=\begin{cases}2\pi\mathrm{i},n=0\\0,n\neq 0\end{cases}$$

得到

$$\oint_C f(z)\mathrm{d}z=2\pi\mathrm{i}c_{-1}$$

由此可见，洛朗展开式中负一次幂项的系数 c_{-1} 很重要. 因此，$\frac{1}{2\pi\mathrm{i}}\oint_C f(z)\mathrm{d}z$ 很重要. 它就是下面要介绍的留数，给出定义如下.

定义 5.2.1 设 z_0 为 $f(z)$ 的孤立奇点，把这个数值 $\frac{1}{2\pi\mathrm{i}}\oint_C f(z)\mathrm{d}z$ 称为 $f(z)$ 在 z_0 处的留数，记为 $\mathrm{Res}[f(z), z_0]$，其中 C 是在 z_0 的去心邻域内围绕 z_0 的任何一条正向简单闭曲线. 即有等式成立：

$$\mathrm{Res}[f(z),z_0]=\frac{1}{2\pi\mathrm{i}}\oint_C f(z)\mathrm{d}z=c_{-1}$$

【例 5.2.1】 用洛朗展开式计算积分 $\oint\limits_{|z|=1}\frac{\cos z}{z^3}\mathrm{d}z$.

解 奇点为 $z=0$，在圆环域 $0<|z|+\infty$ 内解析，展成洛朗级数为

$$\frac{\cos z}{z^3}=\frac{1}{z^3}\left(1-\frac{z^2}{2!}+\frac{z^4}{4!}-\cdots\right)=\frac{1}{z^3}-\frac{1}{2!}\frac{1}{z}+\frac{z}{4!}-\cdots$$

由此得 $c_{-1}=-\frac{1}{2!}$，于是有

$$\oint\limits_{|z|=1}\frac{\cos z}{z^3}\mathrm{d}z=2\pi \mathrm{i}c_{-1}=2\pi\mathrm{i}\times\left(-\frac{1}{2!}\right)=-\pi\mathrm{i}$$

【例 5.2.2】 用洛朗展开式计算积分 $\oint\limits_{|z|=1}\frac{\sin z}{z}\mathrm{d}z$.

解 奇点为 $z=0$，在圆环域 $0<|z|+\infty$ 内解析，展成洛朗级数为

$$\frac{\sin z}{z}=\frac{1}{z}\left(z-\frac{z^3}{3!}+\frac{z^5}{5!}-\cdots\right)=1-\frac{z^2}{3!}+\frac{z^4}{5!}-\cdots$$

由此得 $c_{-1}=0$，于是有

$$\oint\limits_{|z|=1}\frac{\sin z}{z}\mathrm{d}z=0$$

关于留数，有下面的基本定理.

定理 5.2.1 设函数 $f(z)$ 在区域 D 内除有限个孤立奇点 z_1，z_2，…，z_n 外处处解析，C 是 D 内包围所有奇点的一条正向简单闭曲线，则有

$$\oint\limits_C f(z)\mathrm{d}z=2\pi\mathrm{i}\left\{\sum_{k=1}^{n}\mathrm{Res}[f(z),z_k]\right\}$$

证明 留数定理积分曲线如图 5-1 所示，把在 C 内的孤立奇点 z_1，z_2，…，z_n 分别用互不包含也互不相交的正向简单闭曲线 C_1，C_2，…，C_n 围起来，根据复合闭路定理得

$$\oint\limits_C f(z)\mathrm{d}z=\oint\limits_{C_1}f(z)\mathrm{d}z+\oint\limits_{C_2}f(z)\mathrm{d}z+\cdots+\oint\limits_{C_n}f(z)\mathrm{d}z$$

两边同时除以 $2\pi\mathrm{i}$

$$\frac{1}{2\pi\mathrm{i}}\oint\limits_C f(z)\mathrm{d}z=\frac{1}{2\pi\mathrm{i}}\oint\limits_{C_1}f(z)\mathrm{d}z+\frac{1}{2\pi\mathrm{i}}\oint\limits_{C_2}f(z)\mathrm{d}z+\cdots+\frac{1}{2\pi\mathrm{i}}\oint\limits_{C_n}f(z)\mathrm{d}z$$

根据留数定义

$$\frac{1}{2\pi\mathrm{i}}\oint\limits_C f(z)\mathrm{d}z=\frac{1}{2\pi\mathrm{i}}\oint\limits_{C_1}f(z)\mathrm{d}z+\frac{1}{2\pi\mathrm{i}}\oint\limits_{C_2}f(z)\mathrm{d}z+\cdots+\frac{1}{2\pi\mathrm{i}}\oint\limits_{C_n}f(z)\mathrm{d}z$$

$$=\left\{\sum_{k=1}^{n}\mathrm{Res}[f(z),z_k]\right\}$$

于是有

$$\oint_C f(z)\mathrm{d}z = 2\pi \mathrm{i}\left\{\sum_{k=1}^{n}\mathrm{Res}[f(z), z_k]\right\}$$

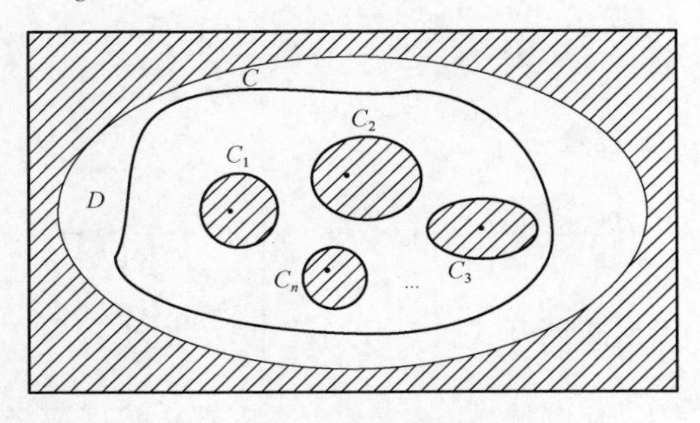

图 5-1　留数定理积分曲线

求 z_0 的留数，如果知道奇点 z_0 的类型，求留数会方便一些．一般来说：

（1）若 z_0 为可去奇点，洛朗展开式没有负一次幂项，即 $c_{-1}=0$，故 $\mathrm{Res}[f(z), z_0]=0$.

（2）若 z_0 为本性奇点，则将函数展成洛朗级数，洛朗级数负一次幂项系数 c_{-1} 便是所求的留数.

（3）若 z_0 为极点时，可以按下面的规则 1～规则 3 来求留数.

5.2.2　留数计算规则（有限远奇点的留数）

规则 1　若 z_0 为 $f(z)$ 的 1 级极点，则 $\mathrm{Res}[f(z), z_0]=\lim\limits_{z\to z_0}(z-z_0)f(z)$.

证明　由于 z_0 为 $f(z)$ 的 1 级极点，有

$$f(z) = c_{-1}\frac{1}{z-z_0} + c_0 + c_1(z-z_0) + \cdots, c_{-1} \neq 0$$

两边同时乘以 $z-z_0$，然后取极限得

$$\mathrm{Res}[f(z), z_0] = \lim_{z\to z_0}(z-z_0)f(z) = c_{-1}$$

【例 5.2.3】　设 $f(z)=\dfrac{1}{z(z+1)(z+4)}$，求 $\mathrm{Res}[f(z), 0]$ 和 $\mathrm{Res}[f(z), -1]$.

解　因为 $z=0$ 和 $z=-1$ 都是 $f(z)$ 的 1 级极点，利用规则 1 可求得留数.

$$\mathrm{Res}[f(z), 0] = \lim_{z\to 0}(z-0)\frac{1}{z(z+1)(z+4)} = \frac{1}{4}$$

$$\mathrm{Res}[f(z), -1] = \lim_{z\to -1}[z-(-1)]\frac{1}{z(z+1)(z+4)} = -\frac{1}{3}$$

规则 2 若 z_0 为 $f(z)$ 的 m 级极点，则 $\mathrm{Res}[f(z), z_0]=\dfrac{1}{(m-1)!}\lim\limits_{z\to z_0}[(z-z_0)^m f(z)]^{(m-1)}$.

证明 由于 z_0 为 $f(z)$ 的 m 级极点，故

$$f(z)=c_{-m}\frac{1}{(z-z_0)^m}+c_{-1}\frac{1}{z-z_0}+c_0+c_1(z-z_0)+\cdots, c_{-m}\neq 0$$

两端同时乘以 $(z-z_0)^m$，得

$$(z-z_0)^m f(z)=c_{-m}+\cdots+c_{-1}(z-z_0)^{m-1}+c_0(z-z_0)^m+c_1(z-z_0)^{m+1}+\cdots$$

两端对 z 求 $m-1$ 阶导数，得

$$[(z-z_0)^m f(z)]^{(m-1)}=(m-1)!c_{-1}+c_0 m!(z-z_0)+\cdots$$

令 $z\to z_0$ 取极限，得

$$\mathrm{Res}[f(z),z_0]=\frac{1}{(m-1)!}\lim_{z\to z_0}[(z-z_0)^m f(z)]^{(m-1)}=c_{-1}$$

关于留数的运算可以应用 Matlab 软件进行求解，在附录 E 中列出有关留数运算的基本命令.

【例 5.2.4】 设 $f(z)=\dfrac{\mathrm{e}^z}{z^3}$，求 $\mathrm{Res}[f(z), 0]$.

解 因为 $z=0$ 为 $f(z)$ 的 3 级极点，根据规则 2 得

$$\mathrm{Res}[f(z),z_0]=\frac{1}{2!}\lim_{z\to 0}[(z-0)^3 f(z)]^{(2)}=\frac{1}{2!}\lim_{z\to 0}\left[z^3\frac{\mathrm{e}^z}{z^3}\right]^{(2)}=\frac{1}{2}$$

规则 3 设 z_0 为 $f(z)=\dfrac{P(z)}{Q(z)}$ 的 1 级极点，且 $P(z)$ 和 $Q(z)$ 在 z_0 处解析，且满足 $P(z_0)\neq 0$，$Q(z_0)=0$，$Q'(z_0)\neq 0$，则 $\mathrm{Res}[f(z), z_0]=\dfrac{P(z_0)}{Q'(z_0)}$.

证明 因为 z_0 为 $f(z)=\dfrac{P(z)}{Q(z)}$ 的 1 级极点，根据规则 1 得

$$\mathrm{Res}[f(z),z_0]=\lim_{z\to z_0}(z-z_0)f(z)=\lim_{z\to z_0}(z-z_0)\frac{P(z)}{Q(z)}$$

注意到 $Q(z)$ 在 z_0 处解析，且满足 $Q(z_0)=0$，$Q'(z_0)\neq 0$，于是

$$\mathrm{Res}[f(z),z_0]=\lim_{z\to z_0}(z-z_0)\frac{P(z)}{Q(z)}=\lim_{z\to z_0}\frac{P(z)}{\dfrac{Q(z)-Q(z)}{z-z_0}}=\frac{P(z_0)}{Q'(z_0)}$$

【例 5.2.5】 设 $f(z)=\dfrac{z}{z^4-1}$，求 $\mathrm{Res}[f(z), 1]$.

解 因为 $z=1$ 为 $f(z)$ 的 1 级极点，且 $P(z)=z$，$Q(z)=z^4-1$ 在 $z=1$ 解析，$P(1)=1$，$Q(1)=0$，$Q'(1)=4z^3\mid_{z=1}=4$，根据规则 3 有

$$\mathrm{Res}[f(z),1]=\frac{P(z)}{Q'(z)}\Big|_{z=1}=\frac{z}{4z^3}\Big|_{z=1}\ \frac{1}{4}$$

5.2.3　函数在无穷远点的留数

定义 5.2.2　设函数 $f(z)$ 在圆环域 $R<|z|<+\infty$ 内解析，称这个值

$$\frac{1}{2\pi i}\oint_{C^-} f(z)\,dz,(C:|z|=\rho>R)$$

为函数 $f(z)$ 在∞点处的留数，记为 $\text{Res}[f(z),\infty]$，这里 C^- 是顺时针方向，可看成是围绕无穷远点的正向．即

$$\text{Res}[f(z),\infty]=\frac{1}{2\pi i}\oint_{C^-} f(z)\,dz$$

值得注意的是，这里的积分路线的方向为负向，也就是取顺时针方向．又因为

$$c_{-1}=\frac{1}{2\pi i}\oint_C f(z)\,dz$$

于是

$$\text{Res}[f(z),\infty]=\frac{1}{2\pi i}\oint_{C^-} f(z)\,dz=-\frac{1}{2\pi i}\oint_C f(z)\,dz=-c_{-1}$$

定理 5.2.2　如果函数 $f(z)$ 在扩充复平面内只有有限个孤立奇点，那么 $f(z)$在所有奇点（包括∞点）的留数总和等于零．

证明　除∞点外，设 $f(z)$ 的有限个奇点为 $z_k(k=1,2,\cdots,n)$，C 是一条绕原点的并将 $z_k(k=1,2,\cdots,n)$ 都包含在内它的内部的正向简单闭曲线，根据留数定理和无穷远点留数定义，有

$$\text{Res}[f(z),\infty]+\sum_{k=1}^{n}\text{Res}[f(z),z_k]=\frac{1}{2\pi i}\oint_{C^-} f(z)\,dz+\frac{1}{2\pi i}\oint_C f(z)\,dz=0$$

由定理 5.2.1 和定理 5.2.2，我们可得如下结论．

推论 5.2.1　设函数 $f(z)$ 在区域 D 内除有限个孤立奇点 $z_1,z_2,\cdots,z_n$ 外处处解析，C 是 D 内包围所有奇点及原点的一条正向简单闭曲线，则有

$$\oint_C f(z)\,dz=-2\pi i\,\text{Res}[f(z),\infty]$$

关于无穷远点的留数计算有如下规则．

规则 4　$\text{Res}[f(z),\infty]=-\text{Res}\left[f\left(\frac{1}{z}\right)\frac{1}{z^2},0\right]$．

证明　在无穷远点留数定义中，有

$$\text{Res}[f(z),\infty]=\frac{1}{2\pi i}\oint_{C^-} f(z)\,dz$$

若令 $z=\frac{1}{\zeta}$，$f(z)=f\left(\frac{1}{\zeta}\right)$，$\mathrm{d}z=-\frac{1}{\zeta^2}\mathrm{d}\zeta$，并且圆环域 $R<|z|<+\infty$ 变成去心邻域 $0<|\zeta|<\frac{1}{R}$，圆周 C：$|z|=\rho>R$，变为圆周 K：$|\zeta|=\frac{1}{\rho}<\frac{1}{R}$，于是有

$$\frac{1}{2\pi i}\oint_{C^-} f(z)\mathrm{d}z=-\frac{1}{2\pi i}\oint_K f\left(\frac{1}{\zeta}\right)\frac{1}{\zeta^2}\mathrm{d}\zeta$$

按照留数定义有

$$\mathrm{Res}[f(z),\infty]=\frac{1}{2\pi i}\oint_{C^-} f(z)\mathrm{d}z=-\frac{1}{2\pi i}\oint_K f\left(\frac{1}{\zeta}\right)\frac{1}{\zeta^2}\mathrm{d}\zeta=-\mathrm{Res}\left[f\left(\frac{1}{z}\right)\frac{1}{z^2},0\right]$$

【例 5.2.6】 设 $f(z)=\frac{z}{z^4-1}$，计算 $\mathrm{Res}[f(z),\ \infty]$.

解 根据规则 4 得

$$\mathrm{Res}[f(z),\infty]=-\mathrm{Res}\left[f\left(\frac{1}{z}\right)\frac{1}{z^2},0\right]=-\mathrm{Res}\left[\frac{\frac{1}{z}}{\left(\frac{1}{z}\right)^4-1}\frac{1}{z^2},0\right]$$

$$=\mathrm{Res}\left[\frac{z}{1-z^4},0\right]=0$$

因为函数 $\frac{z}{1-z^4}$ 在 $z=0$ 处解析，洛朗展开式没有负一次幂项. 因此 $\mathrm{Res}\left[\frac{z}{1-z^4},\ 0\right]=0$. 即

$$\mathrm{Res}[f(z),\infty]=0$$

下面借助于留数计算积分.

【例 5.2.7】 计算 $\oint_{|z|=2}\frac{\sin z}{z(z-1)}\mathrm{d}z$.

解 设 $f(z)=\frac{\sin z}{z(z-1)}$，$z=0$ 和 $z=1$ 都是在 $|z|=2$ 内的奇点，于是

$$\oint_{|z|=2}\frac{\sin z}{z(z-1)}\mathrm{d}z=2\pi i\{\mathrm{Res}[f(z),0]+\mathrm{Res}[f(z),1]\}$$

因为

$$\lim_{z\to 0}f(z)=\lim_{z\to 0}\frac{\sin z}{z(z-1)}=\lim_{z\to 0}\frac{\sin z}{z}\frac{1}{z-1}=-1$$

所以 $z=0$ 为 $f(z)$ 的可去奇点，因此 $\mathrm{Res}[f(z),\ 0]=0$.

而 $z=1$ 是 $f(z)$ 的 1 级极点，由规则 1 可得

$$\mathrm{Res}[f(z),1]=\lim_{z\to 1}(z-1)f(z)=\lim_{z\to 1}(z-1)\frac{\sin z}{z(z-1)}=\sin 1$$

于是有

$$\oint_{|z|=2}\frac{\sin z}{z(z-1)}\mathrm{d}z=2\pi\mathrm{i}\{\mathrm{Res}[f(z),0]+\mathrm{Res}[f(z),1]\}=2\pi\mathrm{i}\sin 1$$

【例 5.2.8】 计算 $\oint_{|z|=2}\frac{z}{z^4-1}\mathrm{d}z$.

解 令 $f(z)=\frac{z}{z^4-1}$，4 个奇点分别为 $z=\pm 1$ 和 $z=\pm\mathrm{i}$，由［例 5.2.5］知各奇点都是 1 级极点，$\mathrm{Res}[f(z),1]=\frac{1}{4}$，$\mathrm{Res}[f(z),-1]=\frac{1}{4}$，$\mathrm{Res}[f(z),\mathrm{i}]=-\frac{1}{4}$，$\mathrm{Res}[f(z),-\mathrm{i}]=-\frac{1}{4}$，根据留数定理得

$$\oint_{|z|=2}\frac{z}{z^4-1}\mathrm{d}z=2\pi\mathrm{i}\{\mathrm{Res}[f(z),1]+\mathrm{Res}[f(z),-1]+\mathrm{Res}[f(z),\mathrm{i}]+\mathrm{Res}[f(z),-\mathrm{i}]\}=0$$

另解 根据推论 5.2.1 和［例 5.2.6］得

$$\oint_{|z|=2}\frac{z}{z^4-1}\mathrm{d}z=-2\pi\mathrm{i}\mathrm{Res}[f(z),\infty]=0$$

【例 5.2.9】 计算 $\oint_{|z|=2}\frac{1}{(z+\mathrm{i})^{10}(z-1)(z-3)}\mathrm{d}z$.

解 令 $f(z)=\frac{1}{(z+\mathrm{i})^{10}(z-1)(z-3)}$，除∞外，有限远奇点为 $z=-\mathrm{i}$，$z=1$，$z=3$. 在圆 $|z|=2$ 内的奇点为 $z=-\mathrm{i}$ 和 $z=1$. 因此

$$\oint_{|z|=2}\frac{1}{(z+\mathrm{i})^{10}(z-1)(z-3)}\mathrm{d}z=2\pi\mathrm{i}\{\mathrm{Res}[f(z),-\mathrm{i}]+\mathrm{Res}[f(z),1]\}$$

因为 $z=-\mathrm{i}$ 为 $f(z)$ 的 10 级极点，用规则 2 计算留数比较繁杂.

根据定理 5.2.2 得到式（5-2）成立.

$$\mathrm{Res}[f(z),-\mathrm{i}]+\mathrm{Res}[f(z),1]+\mathrm{Res}[f(z),3]+\mathrm{Res}[f(z),\infty]=0 \tag{5-2}$$

因此

$$\oint_{|z|=2}\frac{1}{(z+\mathrm{i})^{10}(z-1)(z-3)}\mathrm{d}z=-2\pi\mathrm{i}\{\mathrm{Res}[f(z),3]+\mathrm{Res}[f(z),\infty]\}$$

又因为

$$\mathrm{Res}[f(z),3]=\lim_{z\to 3}(z-3)f(z)=\lim_{z\to 3}(z-3)\frac{1}{(z+\mathrm{i})^{10}(z-1)(z-3)}=\frac{1}{2(3+\mathrm{i})^{10}}$$

$$\mathrm{Res}[f(z),\infty]=-\mathrm{Res}\left[f\left(\frac{1}{z}\right)\frac{1}{z^2},0\right]=-\mathrm{Res}\left[\frac{z^{10}}{(1+\mathrm{i}z)^{10}(1-z)(1-3z)},0\right]=0$$

于是有

$$\oint_{|z|=2}\frac{1}{(z+\mathrm{i})^{10}(z-1)(z-3)}\mathrm{d}z=-2\pi\mathrm{i}\{\mathrm{Res}[f(z),3]+\mathrm{Res}[f(z),\infty]\}$$

$$=-\frac{\pi\mathrm{i}}{(3+\mathrm{i})^{10}}$$

§5.3 留数在定积分计算中的应用

在高等数学中有一些定积分它的原函数不易求出，计算积分就很复杂. 众所周知，复数域是实数域的推广，高等数学中的定积分能否转化为沿着闭曲线的复变函数积分进行计算，如何把实变量的函数转化为复变量函数，以及把积分限转化为沿曲线积分等问题是关键. 下面将介绍如何应用留数求几种特殊形式的定积分.

5.3.1 计算形如 $\int_0^{2\pi}R(\cos\theta,\sin\theta)\mathrm{d}\theta$ 的积分

设被积函数 $R(\cos\theta,\ \sin\theta)$ 是 $\cos\theta$ 和 $\sin\theta$ 的有理函数，并且在 $[0,\ 2\pi]$ 上连续.

令 $z=\mathrm{e}^{\mathrm{i}\theta}$，那么 $\mathrm{d}z=\mathrm{d}\mathrm{e}^{\mathrm{i}\theta}=\mathrm{i}\mathrm{e}^{\mathrm{i}\theta}\mathrm{d}\theta=\mathrm{i}z\mathrm{d}\theta$，即 $\mathrm{d}\theta=\frac{\mathrm{d}z}{\mathrm{i}z}$，又因为

$$\sin\theta=\frac{\mathrm{e}^{\mathrm{i}\theta}-\mathrm{e}^{-\mathrm{i}\theta}}{2\mathrm{i}}=\frac{z^2-1}{2\mathrm{i}z},\cos\theta=\frac{\mathrm{e}^{\mathrm{i}\theta}+\mathrm{e}^{-\mathrm{i}\theta}}{2}=\frac{z^2+1}{2z}$$

当 θ 从 0 变化到 2π 时，z 沿着圆周 $|z|=1$ 的正向走一周，变换结果就把定积分化为沿着 $|z|=1$ 的复变函数积分. 即

$$\int_0^{2\pi}R(\cos\theta,\sin\theta)\mathrm{d}\theta=\oint_{|z|=1}R\left[\frac{z^2+1}{2z},\frac{z^2-1}{2\mathrm{i}z}\right]\frac{\mathrm{d}z}{\mathrm{i}z}=\oint_{|z|=1}f(z)\mathrm{d}z$$

其中 $f(z)$ 为 z 的有理函数，且在单位圆周 $|z|=1$ 上分母不为零. 应用留数定理可以算出它的积分.

【例 5.3.1】 计算 $I=\int_0^{2\pi}\frac{1}{1-2b\cos\theta+b^2}\mathrm{d}\theta$，$0<b<1$.

解 令 $z=\mathrm{e}^{\mathrm{i}\theta}$，$\mathrm{d}\theta=\frac{\mathrm{d}z}{\mathrm{i}z}$，$\cos\theta=\frac{z^2+1}{2z}$，代入得

$$I=\oint_{|z|=1}\frac{1}{1-2b\frac{z^2+1}{2z}+b^2}\frac{\mathrm{d}z}{\mathrm{i}z}=\oint_{|z|=1}\frac{\mathrm{i}}{bz^2-(b^2+1)z+b}\mathrm{d}z$$

令 $f(z)=\frac{\mathrm{i}}{bz^2-(b^2+1)z+b}=\frac{\mathrm{i}}{(z-b)(bz-1)}$，得 $z=b$ 和 $z=\frac{1}{b}$，其中 $z=$

b 在 $|z|=1$ 内且是 1 级极点.

$$\text{Res}[f(z),b]=\lim_{z\to b}(z-b)f(z)=\frac{\text{i}}{b^2-1}$$

因此

$$I=\oint_{|z|=1}\frac{\text{i}}{bz^2-(b^2+1)z+b}\text{d}z=2\pi\text{i}\text{Res}[f(z),b]=\frac{2\pi}{1-b^2}$$

5.3.2 计算形如 $\int_{-\infty}^{+\infty}R(x)\text{d}x$ 的积分

设被积函数 $R(x)$ 为有理分式，分母在实轴上不为零，而分母的次数至少比分子的次数高 2 次. 不失一般性，设 $R(z)=\dfrac{z^n+a_1z^{n-1}+\cdots+a_n}{z^m+b_1z^{m-1}+\cdots+b_m}$，$m-n\geqslant 2$ 为一已约分式. 半圆积分曲线如图 5-2 所示，其中 C_R 是以原点为中心，R 为半径的在上半平面的半圆周，取 R 适当大，使得 $R(z)$ 的所有在上半平面内的极点 z_k 都包在这条积分路线内，根据留数定理，得

$$\int_{-R}^{+R}R(x)\text{d}x+\int_{C_R}R(z)\text{d}z=2\pi\text{i}\left\{\sum_{k=1}^{n}\text{Res}[R(z),z_k]\right\}$$

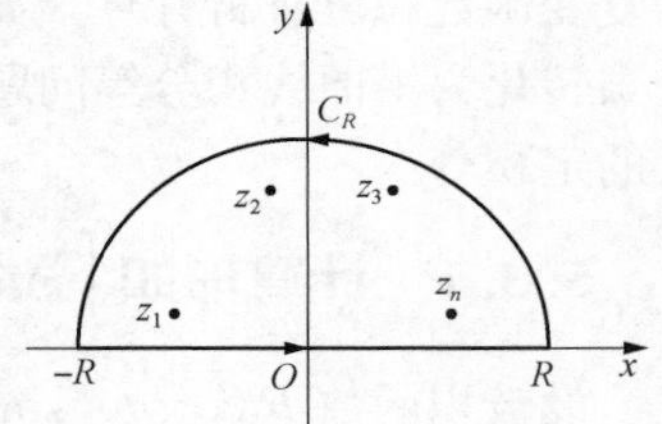

图 5-2　半圆积分曲线

根据闭路变形原理，这个等式不会因为半径 R 的增大而改变. 令 $R\to+\infty$，于是有

$$\int_{-\infty}^{+\infty}R(x)\text{d}x=2\pi\text{i}\left\{\sum_{k=1}^{n}\text{Res}[R(z),z_k]\right\}$$

其中 $\lim\limits_{R\to+\infty}\int_{C_R}R(z)\text{d}z=0$.

下面证明 $\lim\limits_{R\to+\infty}\int_{C_R}R(z)\text{d}z=0$ 成立.

因为

$$|R(z)|=\frac{|z|^n}{|z|^m}\frac{|1+a_1z^{-1}+\cdots+a_nz^{-n}|}{|1+b_1z^{-1}+\cdots+b_mz^{-n}|}\leqslant\frac{1}{|z|^{m-n}}\frac{1+|a_1z^{-1}+\cdots+a_nz^{-n}|}{1-|b_1z^{-1}+\cdots+b_mz^{-n}|}$$

当 $|z|$ 充分大时，总可以使得

$$|a_1z^{-1}+\cdots+a_nz^{-n}|<\frac{1}{10},|b_1z^{-1}+\cdots+b_mz^{-n}|<\frac{1}{10}$$

由于 $m-n\geqslant 2$，故有

$$|R(z)|\leqslant\frac{1}{|z|^{m-n}}\frac{1+|a_1z^{-1}+\cdots+a_nz^{-n}|}{1-|b_1z^{-1}+\cdots+b_mz^{-n}|}<\frac{1}{|z|^{m-n}}\frac{1+\frac{1}{10}}{1-\frac{1}{10}}<\frac{2}{|z|^2}$$

因此，在半径 R 充分大的 C_R 上，有

$$\left|\int_{C_R} R(z)\mathrm{d}z\right| \leqslant \int_{C_R} |R(z)|\mathrm{d}s \leqslant \frac{2}{R^2}\int_{C_R} \mathrm{d}s = \frac{2}{R^2}\pi R = \frac{2\pi}{R}$$

令 $R \to +\infty$，有 $\int_{C_R} R(z)\mathrm{d}z \to 0$．即 $\lim\limits_{R\to+\infty}\int_{C_R} R(z)\mathrm{d}z = 0$ 成立.

【例 5.3.2】 计算 $I = \int_{-\infty}^{+\infty} \frac{x^2}{(x^2+a^2)(x^2+b^2)}\mathrm{d}x(a>0,b>0)$.

解 令

$$R(z) = \frac{z^2}{(z^2+a^2)(z^2+b^2)}(m=4,n=2,m-n=2)$$

并且在实轴上 $R(z)$ 没有孤立奇点．函数 $R(z)$ 的 1 级极点为 $\pm ai$，$\pm bi$．其中 ai，bi 在上半平面内.

$$\mathrm{Res}[R(z),ai] = \lim_{z\to ai}(z-ai)R(z) = \lim_{z\to ai}(z-ai)\frac{z^2}{(z^2+a^2)(z^2+b^2)}$$

$$= \frac{ai}{2(b^2-a^2)}$$

$$\mathrm{Res}[R(z),bi] = \lim_{z\to bi}(z-bi)R(z) = \lim_{z\to bi}(z-bi)\frac{z^2}{(z^2+a^2)(z^2+b^2)}$$

$$= \frac{bi}{2(a^2-b^2)}$$

$$I = 2\pi i\{\mathrm{Res}[R(z),ai] + \mathrm{Res}[R(z),bi]\} = \frac{\pi}{a+b}$$

5.3.3 计算形如 $\int_{-\infty}^{+\infty} R(x)e^{ix}\mathrm{d}x$ 的积分

设 $R(x)$ 是有理分式，分母的次数比分子的次数至少高 1 次，且分母在实数轴上没有奇点．选取 5.3.2 中的积分路线和它包围的极点 z_k，根据留数定理得

$$\int_{-R}^{+R} R(x)e^{ix}\mathrm{d}x + \int_{C_R} R(z)e^{iz}\mathrm{d}z = 2\pi i\left\{\sum_{k=1}^{n}\mathrm{Res}[R(z)e^{iz},z_k]\right\}$$

现在证明 $\lim\limits_{R\to+\infty}\int_{C_R} R(z)e^{iz}\mathrm{d}z = 0$.

采用与 5.3.2 中相同的处理方法，由于 $m-n\geqslant 1$，因此，对于充分大的 $|z|$，有 $|R(z)| < \frac{2}{|z|}$．注意到不等式，当 $0\leqslant\theta\leqslant\frac{\pi}{2}$ 时，有 $\sin\theta\geqslant\frac{2\theta}{\pi}$ 成立．于是，在半径为 R 的 C_R 上，有

$$\left|\int_{C_R} R(z)e^{iz}\mathrm{d}z\right| \leqslant \int_{C_R} |R(z)||e^{iz}|\mathrm{d}s < \frac{2}{R}\int_{C_R} e^{-y}\mathrm{d}s$$

$$=\frac{2}{R}\int_0^{\pi}\mathrm{e}^{-R\sin\theta}R\,\mathrm{d}\theta=4\int_0^{\frac{\pi}{2}}\mathrm{e}^{-R\sin\theta}\mathrm{d}\theta\leqslant 4\int_0^{\frac{\pi}{2}}\mathrm{e}^{-R(2\theta/\pi)}\mathrm{d}\theta=\frac{2\pi}{R}(1-\mathrm{e}^{-R})$$

令 $R\to+\infty$，有 $\int_{C_R}R(z)\mathrm{e}^{\mathrm{i}z}\mathrm{d}z\to 0$，即 $\lim\limits_{R\to+\infty}\int_{C_R}R(z)\mathrm{e}^{\mathrm{i}z}\mathrm{d}z=0$ 成立.

于是有

$$\int_{-\infty}^{+\infty}R(x)\mathrm{e}^{\mathrm{i}x}\mathrm{d}x=2\pi\mathrm{i}\left\{\sum_{k=1}^{n}\mathrm{Res}[R(z)\mathrm{e}^{\mathrm{i}z},z_k]\right\}$$

【例 5.3.3】 计算 $I=\int_0^{+\infty}\frac{x\sin x}{x^2+b^2}\mathrm{d}x(b>0)$.

解 先计算 $\int_{-\infty}^{+\infty}\frac{x\sin x}{x^2+b^2}\mathrm{d}x$，令 $R(z)=\frac{z}{z^2+b^2}$，$m=2$，$n=1$，$m-n=1$，并且在实轴上 $R(z)$ 没有孤立奇点. 函数 $R(z)$ 的 1 级极点为 $\pm b\mathrm{i}$，其中 $b\mathrm{i}$ 在上半平面内.

$$\mathrm{Res}[R(z)\mathrm{e}^{\mathrm{i}z},b\mathrm{i}]=\lim_{z\to b\mathrm{i}}(z-b\mathrm{i})R(z)\mathrm{e}^{\mathrm{i}z}=\lim_{z\to b\mathrm{i}}(z-b\mathrm{i})\frac{z\mathrm{e}^{\mathrm{i}z}}{z^2+b^2}=\frac{1}{2}\mathrm{e}^{-b}$$

因此

$$\int_{-\infty}^{+\infty}\frac{x\mathrm{e}^{\mathrm{i}x}}{x^2+b^2}\mathrm{d}x=2\pi\mathrm{i}\mathrm{Res}[R(z)\mathrm{e}^{\mathrm{i}z},b\mathrm{i}]=\pi\mathrm{i}\mathrm{e}^{-b}$$

注意到

$$\int_{-\infty}^{+\infty}\frac{x\mathrm{e}^{\mathrm{i}x}}{x^2+b^2}\mathrm{d}x=\int_{-\infty}^{+\infty}\frac{x(\cos x+\mathrm{i}\sin x)}{x^2+b^2}\mathrm{d}x=\int_{-\infty}^{+\infty}\frac{x\cos x}{x^2+b^2}\mathrm{d}x+\mathrm{i}\int_{-\infty}^{+\infty}\frac{x\sin x}{x^2+b^2}\mathrm{d}x$$

因此得

$$\int_{-\infty}^{+\infty}\frac{x\sin x}{x^2+b^2}\mathrm{d}x=2\int_0^{+\infty}\frac{x\sin x}{x^2+b^2}\mathrm{d}x=\pi\mathrm{e}^{-b}$$

利用偶函数的性质，得

$$I=\int_0^{+\infty}\frac{x\sin x}{x^2+b^2}\mathrm{d}x=\frac{1}{2}\pi\mathrm{e}^{-b}$$

习题 5

1. 下列函数有些什么奇点？如果是极点，指出它的级数.

(1) $\frac{1}{z(z^2+1)^2}$；

(2) $\frac{\sin z}{z^3}$；

(3) $\frac{1+z^4}{(z^2+1)^3}$；

(4) $\frac{\ln(z+1)}{z}$；

(5) $\dfrac{z}{(z^2+1)(\mathrm{e}^{\pi z}+1)}$.

2. 设 z_0 是 $f(z)$ 的 m 级零点（$m>1$），证明 z_0 是 $f'(z)$ 的 $m-1$ 级零点.

3. 求下列各函数 $f(z)$ 在有限奇点处的留数.

(1) $\dfrac{z+1}{z^2-2z}$;

(2) $\dfrac{1-\mathrm{e}^{2z}}{z^4}$;

(3) $\dfrac{1}{z^3-z^2-z+1}$;

(4) $\dfrac{z}{\cos z}$;

(5) $\dfrac{z}{(z^2+1)}$;

(6) $z^2\sin\dfrac{1}{z}$.

4. 计算下列各积分.

(1) $\oint\limits_{|z|=3}\dfrac{z+1}{z^2-2z}\mathrm{d}z$;

(2) $\oint\limits_{|z|=3}\dfrac{\mathrm{e}^{2z}}{(z-1)^2}\mathrm{d}z$;

(3) $\oint\limits_{|z|=3}\dfrac{1-\cos z}{z^7}\mathrm{d}z$.

5. 判定 $z=\infty$ 是下列各函数的奇点类型，并求出在 $z=\infty$ 处的留数.

(1) $\cos z-\sin z$;

(2) $z+\dfrac{1}{z}$.

6. 求下列函数在 $z=\infty$ 处的留数.

(1) $\dfrac{\mathrm{e}^z}{z^2-1}$;

(2) $\dfrac{1}{z(z+1)^4(z-4)}$.

7. 计算下列积分.

(1) $\oint\limits_{|z|=3}\dfrac{z^{15}}{(z^2+1)(z^4+16)}\mathrm{d}z$;

(2) $\oint\limits_{|z|=3}\dfrac{z^3}{1+z}\mathrm{e}^{\frac{1}{z}}\mathrm{d}z$.

8. 计算下列积分.

(1) $\int_0^{2\pi} \frac{1}{5+3\sin\theta} d\theta$；

(2) $\int_0^{2\pi} \frac{\sin^2\theta}{a+b\cos\theta} d\theta (a>b>0)$；

(3) $\int_{-\infty}^{+\infty} \frac{1}{(1+x^2)^2} dx$.

9. 如果 $f(z)$ 和 $g(z)$ 是以 z_0 为零点的两个不恒等于零的解析函数，证明 $\lim\limits_{z \to z_0} \frac{f(z)}{g(z)} = \lim\limits_{z \to z_0} \frac{f'(z)}{g'(z)}$.

6 共 形 映 射

复变函数主要是研究解析函数的性质与应用，前面讨论了解析函数的导数、微分、积分、级数等，本章将从几何角度对解析函数的性质与应用进行进一步研究．本章中我们先分析解析函数构成映射的特点，然后研究共形映射，最后再研究分式线性映射和几个初等函数构成的共形映射．

§6.1 共形映射的概念

6.1.1 导数的几何意义

z 平面内的一条连续曲线 C 可用方程组

$$\begin{cases} x = x(t) \\ y = y(t) \end{cases}, \alpha \leqslant t \leqslant \beta$$

表示，其中 $x(t)$ 和 $y(t)$ 均为连续函数．写成复数形式为

$$z = z(t) = x(t) + \mathrm{i}y(t), \alpha \leqslant t \leqslant \beta$$

其中 $z(t)$ 为连续函数．

规定曲线 C 的正方向为参数 t 增大时点 z 移动的方向．

通过曲线 C 上两点 P_0 与 P 的割线 P_0P 的正向对应于参数 t 增大的方向，其中 $z(t_0+\Delta t)$ 与 $z(t_0)$ 分别为点 P 与 P_0 所对应的复数，$\alpha<t_0<\beta$，$\alpha<t_0+\Delta t<\beta$，则向量

$$\frac{z(t_0+\Delta t)-z(t_0)}{\Delta t}$$

的方向与 P_0P 的正向相同，切线与割线如图 6-1 所示．

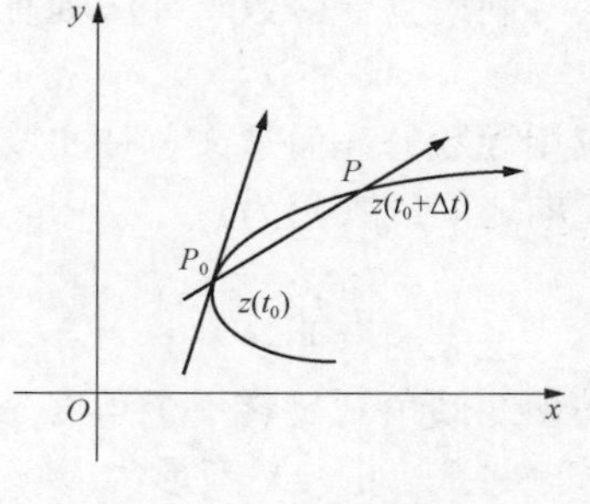

图 6-1 切线与割线

当点 P 沿着曲线 C 趋向于 P_0 时，割线 P_0P 的极限位置就是曲线 C 上的点 P_0 处的切线，因此向量

$$\lim_{\Delta t \to 0} \frac{z(t_0+\Delta t)-z(t_0)}{\Delta t} = z'(t_0)$$

与曲线 C 相切于点 P_0 [即 $z_0=z(t_0)$]，且方向与 C 的正向一致.

若 $z'(t_0)\neq 0$，$\alpha<t_0<\beta$ 且规定向量 $z'(t_0)$ 的方向作为曲线 C 上点 P_0 处的切线方向，则有如下的事实：$\arg z'(t_0)$ 就是曲线 C 上点 P_0 处的切线正向与 x 轴正向之间的夹角 φ（称为切线倾角）. 这就是导数的几何意义.

6.1.2 解析函数的导数的几何意义

先研究解析函数 $w=f(z)$ 在点 z_0 处导数的辐角 $\arg f'(t_0)$ 的几何意义.

设函数 $w=f(z)$ 在区域 D 内解析，$z_0\in D$，且 $f'(z_0)\neq 0$. 又设 C 为 z 平面内通过点 z_0 的一条有向光滑曲线，z 平面曲线如图 6-2（a）所示，参数方程为 $z=z(t)=x(t)+\mathrm{i}y(t)$，$\alpha\leqslant t\leqslant\beta$，它的正方向对应于参数 t 增大的方向，且 $z_0=z(t_0)$，$z'(t_0)\neq 0$，$\alpha<t_0<\beta$.

这时，映射 $w=f(z)$ 就将 z 平面上的曲线 C 映射成 w 平面内的一条有向光滑曲线 Γ，w 平面曲线如图 6-2（b）所示，Γ 通过点 z_0 的对应点 $w_0=f(z_0)$，其参数方程为 $w=f[z(t)]$，$\alpha\leqslant t\leqslant\beta$，$\Gamma$ 的正方向对应于参数 t 增大的方向.

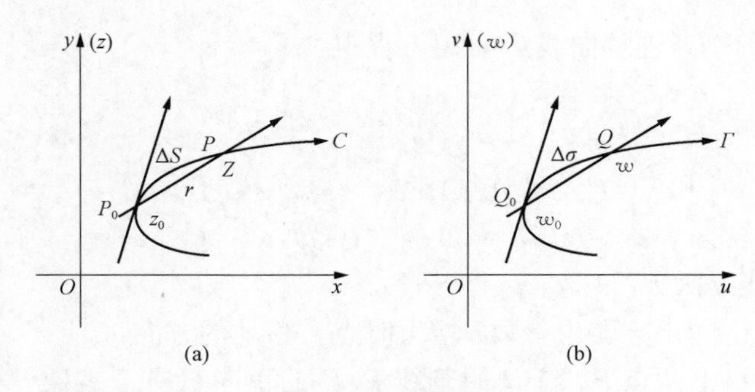

图 6-2 平面曲线

（a）z 平面曲线；（b）w 平面曲线

利用复合函数求导法则有

$$w'(t_0)=f'(z_0)z'(t_0)\neq 0$$

应用导数的几何意义，在曲线 Γ 上的点 w_0 处切线也存在，且切线正向与 u 轴正向之间的夹角为

$$\Phi=\arg w'(t_0)=\arg f'(z_0)+\arg z'(t_0)=\arg f'(z_0)+\varphi \tag{6-1}$$

这表明，曲线 Γ 在点 $w_0=f(z_0)$ 处的切线倾角 Φ 可以由曲线 C 在点 z_0 处的切线倾角 φ 旋转一个角度 $\arg f'(z_0)$ 得到，旋转角如图 6-3 所示.

将式（6-1）变形为

$$\arg f'(z_0)=\Phi-\varphi \tag{6-2}$$

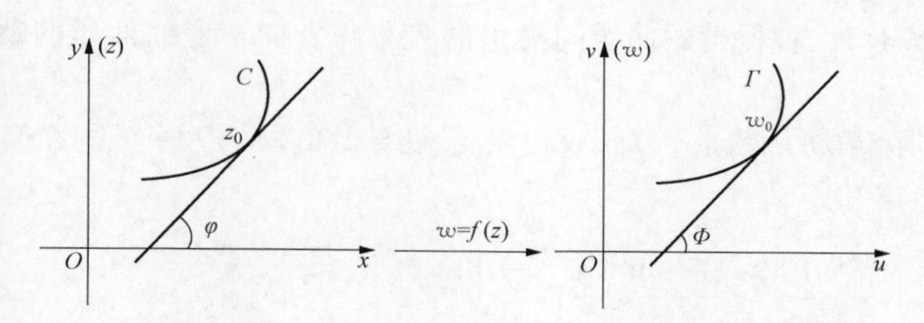

图 6-3 旋转角

定义 6.1.1 称 $\arg f'(z_0)$ 为映射 $w=f(z)$ 在点 z_0 处的旋转角.

这里指出，旋转角一个特殊的性质，$\arg f'(z_0)$ 只与点 z_0 有关，而与过 z_0 的曲线 C 的形状和方向无关，这一性质称为旋转角不变性. 为了进一步说明此性质，将进行进一步研究.

定义 6.1.2 相交于一点的两条曲线 C_1 与 C_2 正向之间的夹角用 C_1 与 C_2 在此交点处的两条切线正向之间的夹角来定义，相交曲线夹角如图 6-4 所示.

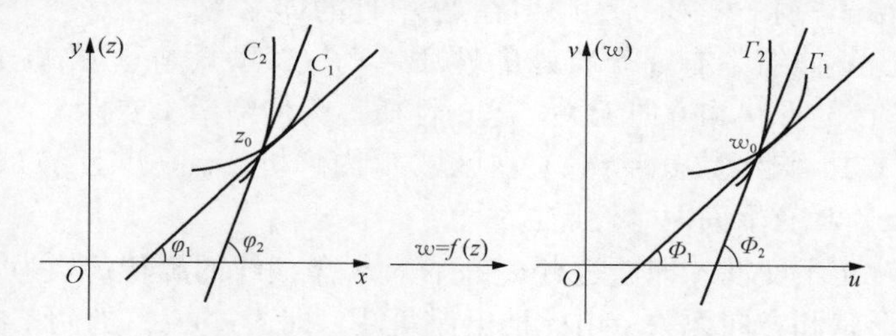

图 6-4 相交曲线夹角

设从点 z_0 出发有两条曲线 C_1 与 C_2，它们在点 z_0 处切线的倾角分别为 φ_1 与 φ_2，C_1 与 C_2 在映射 $w=f(z)$ 下的像分别为过点 $w_0=f(z_0)$ 的两条曲线 Γ_1 与 Γ_2，它们在点 w_0 处的切线倾角分别为 Φ_1 与 Φ_2，由式（6-2）得

$$\arg f'(z_0)=\Phi_1-\varphi_1=\Phi_2-\varphi_2$$

即

$$\varphi_2-\varphi_1=\Phi_2-\Phi_1 \tag{6-3}$$

这里 $\varphi_2-\varphi_1$ 表示 C_1 与 C_2 在点 z_0 处的夹角，$\Phi_2-\Phi_1$ 表示 Γ_1 与 Γ_2 在点 w_0 处的夹角.

式（6-3）表明，在解析函数 $w=f(z)$ 的映射下，若 $f'(z_0)\neq 0$，则经过点 z_0 处的任意两条曲线之间的夹角与像曲线在点 $w_0=f(z_0)$ 处的夹角大小相等且方向相同. 由此可见，解析函数的映射具有保持两曲线间夹角的大小与方向不变的性质.

定义 6.1.3 称保持两曲线间夹角的大小与方向不变的性质的映射为映射的保角性.

下面研究解析函数 $w=f(z)$ 在点 z_0 处导数的模 $|f'(z_0)|$ 的几何意义.

因为

$$f'(z_0)=\lim_{\Delta z\to 0}\frac{\Delta w}{\Delta z}=\lim_{\Delta z\to 0}\frac{f(z_0+\Delta z)-f(z_0)}{\Delta z}$$

得

$$|f'(z_0)|=\lim_{\Delta z\to 0}\left|\frac{\Delta w}{\Delta z}\right|=\lim_{\Delta z\to 0}\frac{\Delta\sigma}{\Delta s}=\frac{\mathrm{d}\sigma}{\mathrm{d}s} \tag{6-4}$$

其中 Δs 与 $\Delta\sigma$ 分别表示曲线 C 与曲线 Γ 上弧长的增量，即

$$\mathrm{d}\sigma=|f'(z_0)|\mathrm{d}s \tag{6-5}$$

式（6-4）表明，像点间的无穷小距离 $\Delta\sigma$ 与原像点间无穷小距离 Δs 之比的极限为 $|f'(z_0)|$. 式（6-5）表明，像曲线 Γ 在点 w_0 处弧微分等于原曲线 C 在点 z_0 处弧微分与 $|f'(z_0)|$ 之积.

定义 6.1.4 称 $|f'(z_0)|$ 为映射在点 z_0 处的伸缩率.

这里指出，伸缩率有一个特殊的性质，$|f'(z_0)|$ 只与点 z_0 有关，而与过点 z_0 的曲线 C 的形状和方向无关，这一性质称为伸缩率不变性.

定理 6.1.1 设函数 $w=f(z)$ 在区域 D 内解析，$z_0\in D$ 且 $f'(z_0)\neq 0$，则映射 $w=f(z)$ 具有下面两个性质：

（1）旋转角不变性. 即通过点 z_0 的任何一条曲线的旋转角均为 $\arg f'(z_0)$，而与曲线的形状和方向无关. 由此推出保角性，即通过点 z_0 的两条曲线间的夹角与经过映射后所得到的两条曲线间的夹角大小和方向保持不变.

（2）伸缩率不变性. 即通过点 z_0 的任何一条曲线的伸缩率均为 $|f'(z_0)|$，而与曲线的形状和方向无关.

【例 6.1.1】 求 $w=z^3$ 在 $z=\mathrm{i}$ 处的旋转角与伸缩率. 问 $w=z^3$ 将点 $z=\mathrm{i}$ 且平行于实轴正向的曲线和切线方向 l 映射成 w 平面上哪一个方向？

解 因为 $w=z^3$，$w'(z)=3z^2$，$w'(\mathrm{i})=-3$，故旋转角为 $\arg w'(\mathrm{i})=\arg(-3)=\pi$，伸缩率为 $|w'(\mathrm{i})|=|-3|=3$，方向 l 映射成 w 平面上的方向 m（指向为实轴的负方向).

【例 6.1.2】 映射 $w=z^3$ 在 z 平面上具有旋转角与伸缩率不变性吗？

解 因为 $w=z^3$，$w'(z)=3z^2$，当 $z\neq 0$ 时，$w'(z)=3z^2\neq 0$，故 $w=z^3$ 在 z 平面上除原点 $z=0$ 外均具有旋转角与伸缩率不变性.

【例 6.1.3】 已知映射由下列函数所构成，阐明在 z 平面上哪部分被放大了，哪一部分被缩小了？

（1）$w=z^2-5z+1$；

(2) $w=e^z$.

解 (1) 因为 $w'=2z-5$，$|w'|=|2z-5|$，在 z 平面上，$|2z-5|>1$ 这一部分被放大了，$|2z-5|<1$ 这一部分被缩小了.

(2) 设 $z=x+iy$，$w'=e^z$，$|w'|=e^x$，在 z 平面上，$\text{Re}z=x>0$ 这一部分被放大了，$\text{Re}z=x<0$ 这一部分被缩小了.

6.1.3 共形映射的概念

定义 6.1.5 设 $w=f(z)$ 在点 z_0 处的邻域内是一一对应的，在点 z_0 处具有保角性和伸缩率不变性，称映射 $w=f(z)$ 在点 z_0 处是共形（或保形、保角）的，或称 $w=f(z)$ 在点 z_0 处是共形映射（或保形映射、保角映射）.

若映射 $w=f(z)$ 在区域 D 内的每一点都是共形的，则称 $w=f(z)$ 在区域 D 内是共形映射（或保形映射、保角映射）.

定理 6.1.2 若函数 $w=f(z)$ 在点 z_0 解析，且 $f'(z_0)\neq 0$，则映射 $w=f(z)$ 在点 z_0 处是共形的，而且 $\arg f'(z_0)$ 表示这个映射在点 z_0 处的旋转角，$|f'(z_0)|$ 表示在点 z_0 处的伸缩率.

若解析函数 $w=f(z)$ 在区域 D 内处处有 $f'(z)\neq 0$，则映射 $w=f(z)$ 是 D 内是共形映射.

定义 6.1.6 设映射 $w=f(z)$ 具有伸缩率不变性，且保持曲线间的夹角的大小不变、方向也不变，这种映射称为第一类共形映射. 若映射 $w=f(z)$ 具有伸缩率不变性，且保持曲线间的夹角的绝对值不变，而方向相反，则称这种映射为第二类共形映射.

【例 6.1.4】 映射 $w=\overline{z}$ 属于哪类映射?

解 由题意知，$w=\overline{z}$ 是关于实轴对称的映射，我们把 z 平面和 w 平面重合在一起，映射把点 z 映射成关于实轴为对称轴的点 $w=\overline{z}$，从点 z 出发夹角为 α 的两条曲线 C_1 与 C_2 被映射成从点 $\overline{z}$ 出发夹角为 $-\alpha$ 的两条曲线 Γ_1 与 Γ_2，故 $w=\overline{z}$ 属于第二类共形映射.

§6.2 分式线性映射

下面将研究一些具体的共形映射，其中分式线性映射是一类比较简单又很重要的映射.

6.2.1 分式线性映射的概念

定义 6.2.1 映射

$$w=f(z)=\frac{az+b}{cz+d},ad-bc\neq 0 \tag{6-6}$$

称为分式线性映射，其中 a，b，c，d 均为常数. 此映射又称为双线性映射，它是德国数学家莫比乌斯首先研究的，因此也称为莫比乌斯映射.

对分式线性映射［式（6-6）］的说明：

（1）两边同时乘上 $cz+d$，化简为 $cwz+dw-az-b=0$. 对于固定的 z，关于 w 是线性的；对于固定的 w，关于 z 是线性的. 因此分式线性映射又称为双线性映射.

（2）$ad-bc\neq 0$ 的限制是为了保证映射的保角性. 否则当 $ad-bc=0$ 时，由

$$\frac{\mathrm{d}w}{\mathrm{d}z}=\frac{ad-bc}{(cz+d)^2}$$

得 $\frac{\mathrm{d}w}{\mathrm{d}z}=0$，这时 w 为常数，它将整个 z 平面映射成 w 平面上的一点.

（3）分式线性映射［式（6-6）］的逆映射为

$$z=\frac{\mathrm{d}w-b}{-cw+a},ad-bc\neq 0$$

这也是一个分式线性映射. 由此得下面定理.

定理 6.2.1 分式线性映射在扩充复平面上是一一对应的.

（4）两个分式线性映射的复合仍是一个分式线性映射.

（5）分式线性映射［式（6-6）］可以分解为一些简单映射的复合.

当 $c=0$ 时，$w=\frac{a}{d}z+\frac{b}{d}$.

当 $c\neq 0$ 时，有

$$w=\frac{a}{c}+\frac{bc-ad}{c^2}\frac{1}{z+\frac{d}{c}}$$

即分式线性映射 $w=\frac{az+b}{cz+d}$ 可以看成是以下三个简单映射复合而成，即

$$w_1=z+\frac{d}{c},w_2=\frac{1}{w_1},w=\frac{a}{c}+\frac{bc-ad}{c^2}w_2$$

把这三种特殊的映射写成

$$w=z+b,w=az,w=\frac{1}{z}$$

下面讨论这三种映射，为了方便，暂且将 w 平面看成是与 z 平面重合的.

第一种情况：考虑 $w=z+b$，这是一个平移映射.

由于复数相加可以转化为向量相加，故在 $w=z+b$ 下，z 沿着向量 b（即复数 b 所表示的向量）的方向平行移动一段距离 $|b|$ 后，就得到 w，复数加法如图 6-5 所示.

第二种情况：$w=az(a\neq 0)$，这是一个旋转与伸长（或缩短）映射.

设 $z=re^{i\theta}$，$a=r_1e^{i\theta_1}$，则 $w=rr_1e^{i(\theta+\theta_1)}$，这时把 z 先旋转一个角度 θ_1，再将 $|z|$ 伸长（或缩短）到 $|a|=r_1$ 倍后，就得到 w，复数乘法如图 6-6 所示.

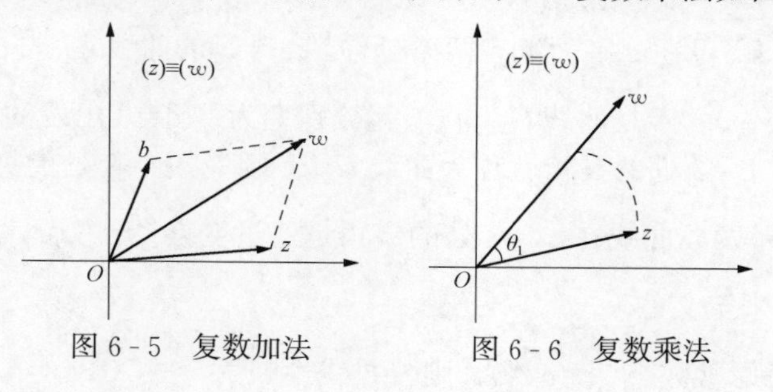

图 6-5 复数加法　　图 6-6 复数乘法

第三种情况：$w=\dfrac{1}{z}$这个映射又可以分解为 $w_1=\dfrac{1}{z}$，$w=\overline{w_1}$. 前者是关于单位圆周的对称变换，后者是关于实轴的对称变换.

下面先引入关于圆周对称点的概念.

定义 6.2.2 设 C 是以原点为中心，r 为半径的圆周，在以圆心为起点的一条射线上，若有两点 P 与 P' 满足关系式

$$OP\cdot OP'=r^2$$

则称两点 P 与 P' 关于圆周 C 互为对称点. 圆周对称点如图 6-7 所示，其中 TP 为圆 C 的切线.

规定：无穷远点关于圆周的对称点是圆心 O.

有了关于圆周对称点的概念，对映射 $w=\dfrac{1}{z}$分析如下：

设 $z=re^{i\theta}$，则 $w_1=\dfrac{1}{\bar{z}}=\dfrac{1}{r}e^{-i\theta}$，$w=\overline{w_1}=\dfrac{1}{r}e^{i\theta}$，即 $|w_1||z|=1$，由此可见点 z 与点 w_1 是关于单位圆周 $|z|=1$ 的对称点. 而 w_1 与 $w=\overline{w_1}$ 是关于实轴的对称点. 因而，要从 z 作出 $w=\dfrac{1}{z}$，就先作点 z 关于圆周 $|z|=1$ 的对称点 w_1，再作点 w_1 关于实轴的对称点，即得 w. 对称点如图 6-8 所示.

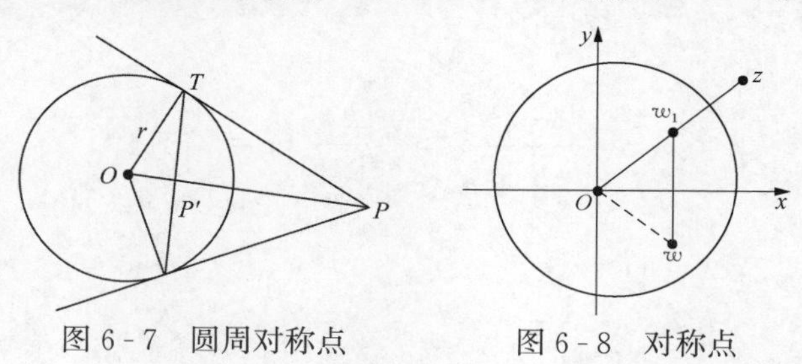

图 6-7 圆周对称点　　图 6-8 对称点

6.2.2 分式线性映射的性质

(1) 保角性. 首先定义两条曲线在 $z=\infty$ 处的夹角.

定义 6.2.3 设在 z 平面上有两条延伸到 $z=\infty$ 的曲线 C_1 与 C_2，令 $\zeta=\dfrac{1}{z}$，则 $z=\infty$ 变为 $\zeta=0$. 于是曲线 C_1 与 C_2 就分别变为从 $\zeta=0$ 出发的两条曲线 C_1' 与 C_2'. C_1' 与 C_2' 在 $\zeta=0$ 处的夹角就称为曲线 C_1 与 C_2 在 $z=\infty$ 处的夹角.

这就是说：两条曲线在 $z=\infty$ 处的夹角是通过变换 $\zeta=\dfrac{1}{z}$ 后，从得到的像在 $\zeta=0$ 处的夹角来定义的.

1) 首先考虑常数 c，设 $c\neq 0$，则分式线性映射［式 (6-6)］将 $z=-\dfrac{d}{c}$ 变到 $w=\infty$，$z=\infty$ 变到 $w=\dfrac{a}{c}$.

因为

$$\frac{\mathrm{d}w}{\mathrm{d}z}=\frac{ad-bc}{(cz+d)^2}\neq 0\left(z\neq-\frac{d}{c}\right)$$

当 $z\neq-\dfrac{d}{c}$ 时，映射［式 (6-6)］是保角的.

当 $z=-\dfrac{d}{c}$ 时，$w=\infty$，考虑函数

$$w_1=\frac{1}{w}=\frac{cz+d}{az+b} \tag{6-7}$$

它将 $z=-\dfrac{d}{c}$ 变为 $w_1=0$，且

$$\left.\frac{\mathrm{d}w_1}{\mathrm{d}z}\right|_{z=-\frac{d}{c}}=\left.\frac{bc-ad}{(az+b)^2}\right|_{z=-\frac{d}{c}}=\frac{c^2}{bc-ad}\neq 0$$

因而映射［式 (6-7)］在 $z=-\dfrac{d}{c}$ 处是保角的，即映射 $w=\dfrac{1}{w_1}=\dfrac{cz+d}{az+b}$ 在 $z=-\dfrac{d}{c}$ 处是保角的.

当 $z=\infty$ 时，$w=\dfrac{a}{c}$，考虑函数

$$w=\frac{a\dfrac{1}{\zeta}+b}{c\dfrac{1}{\zeta}+d}=\frac{a+b\zeta}{c+d\zeta}\left(z=\frac{1}{\zeta}\right) \tag{6-8}$$

它将 $\zeta=0$ 变到 $w=\dfrac{a}{c}$，且

$$\left.\frac{\mathrm{d}w}{\mathrm{d}\zeta}\right|_{\zeta=0}=\left.\frac{bc-ad}{(c+d\zeta)^2}\right|_{\zeta=0}=\frac{bc-ad}{c^2}\neq 0$$

因而映射［式（6-8）］在 $\zeta=0$ 处是保角的，即映射［式（6-8）］在 $z=\infty$ 处是保角的.

说明在无穷远点处，不考虑伸缩不变性.

2）设 $c=0$，则分式线性映射［式（6-6）］化为

$$w=\frac{az+b}{d}=\alpha z+\beta(\alpha\neq 0) \tag{6-9}$$

显然有

$$\frac{\mathrm{d}w}{\mathrm{d}z}=\alpha\neq 0$$

当 $z\neq\infty$ 时，映射［式（6-9）］是保角的.

当 $z=\infty$ 时，对应着 $w=\infty$，为了研究映射［式（6-9）］在无穷远点处的保角性. 考虑函数

$$w_1=\frac{1}{w}=\frac{1}{\alpha\dfrac{1}{\xi}+\beta}=\frac{\xi}{\alpha+\beta\xi}\left(z=\frac{1}{\xi}\right) \tag{6-10}$$

它将 $\xi=0$ 变到 $w_1=0$，显然有

$$\left.\frac{\mathrm{d}w_1}{\mathrm{d}\xi}\right|_{\xi=0}=\left.\frac{\alpha}{(\alpha+\beta\xi)^2}\right|_{\xi=0}=\frac{1}{\alpha}\neq 0$$

因而映射［式（6-10）］在 $\xi=0$ 处是保角的，即映射［式（6-9）］在 $z=\infty$ 处是保角的.

定理 6.2.2 分式线性映射［式（6-6）］在扩充复平面上是保角的.

（2）保圆性. 今后我们把直线看作半径为∞的圆周，则分式线性映射具有将圆周映射成圆周的性质. 此性质称为保圆性.

映射 $w=z+b$ 与 $w=az(a\neq 0)$ 将 z 平面上的一点经平移、旋转，或伸缩映射成像点 w，则 z 平面内一个圆周或一条直线经过这两个映射后映射成的像曲线仍然是一个圆周或一条直线. 因此这两个映射具有保圆性.

下面阐明 $w=\dfrac{1}{z}$ 也具有保圆性.

令 $z=x+\mathrm{i}y$，$w=u+\mathrm{i}v$，则

$$w=\frac{1}{z}=\frac{1}{x+\mathrm{i}y}=\frac{x-\mathrm{i}y}{x^2+y^2},u=\frac{x}{x^2+y^2},v=\frac{-y}{x^2+y^2}$$

这时映射 $w=\dfrac{1}{z}$ 将方程

$$A(x^2+y^2)+Bx+Cy+D=0$$

映射成方程

$$D(u^2+v^2)+Bu-Cv+A=0$$

这里有 4 种可能：①当 $A\neq0$，$D\neq0$ 时，将圆周映射成圆周；②当 $A\neq0$，$D=0$ 时，将圆周映射成直线；③当 $A=0$，$D\neq0$ 时，将直线映射成圆周；④当 $A=0$，$D=0$ 时，将直线映射成直线.

也就是说，映射 $w=\dfrac{1}{z}$ 将圆周映射成圆周，具有保圆性.

定理 6.2.3 分式线性映射将扩充 z 平面上的圆周映射成扩充 w 平面上的圆周，即具有保圆性.

推论 6.2.1 在分式线性映射下，若给定的圆周或直线上没有点映射成无穷远点，则它就是映射成半径为有限的圆周；若有一个点映射成无穷远点，则它就映射成直线.

(3) 保对称性. 分式线性映射还有一个重要性质，就是保持对称点的不变性. 为此先证明一个有关对称点的几何性质.

引理 6.2.1 z_1，z_2 是关于圆周 C：$|z-z_0|=R$ 的一对对称点的充要条件是经过 z_1，z_2 的任何圆周 Γ 与 C 成正交.

定理 6.2.4 设点 z_1，z_2 是关于圆周 C 的一对对称点，则在分式线性映射下，它们的像点 w_1 与 w_2 是关于 C'（C 的像曲线）的一对对称点.

证明 设经过 w_1 与 w_2 的任一圆周为 Γ'，它是经过 z_1，z_2 的圆周 Γ 由分式线性映射而映射来的，因为 Γ 与 C 成正交，以及分式线性映射具有保角性，所以 Γ' 与 C'（C 的像曲线）也正交，因此 w_1 与 w_2 是一对关于 C' 的对称点.

(4) 保交比性.

定义 6.2.4 由扩充复平面上 4 个有序的相异点 z_1，z_2，z_3，z_4 构成的比式

$$\frac{z_4-z_1}{z_4-z_2}:\frac{z_3-z_1}{z_3-z_2}$$

称为它们的交比，记为 (z_1,z_2,z_3,z_4).

若 4 个点中有一个为 ∞，则应将包含此点的分子或分母用 1 代替，例如 $z_1=\infty$，就有

$$(\infty,z_2,z_3,z_4)=\frac{1}{z_4-z_2}:\frac{1}{z_3-z_2}$$

对于 $w=z+b$，$w=az$，$w=\dfrac{1}{z}$ 来说，设 $w_k=z_k+b$，$w_k=az_k$，$w_k=\dfrac{1}{z_k}$，$k=1$、2、3、4. 这很容易验证其交比的不变性，即

$$\frac{w_4-w_1}{w_4-w_2}:\frac{w_3-w_1}{w_3-w_2}=\frac{z_4-z_1}{z_4-z_2}:\frac{z_3-z_1}{z_3-z_2}$$

因此有下面的定理.

定理 6.2.5 分式线性映射在扩充的复平面上具有保交比性.

§6.3 唯一决定分式线性映射的条件

6.3.1 唯一决定分式线性映射的条件

分式线性映射［式（6-6)］中含有常数 a，b，c，d，若用这 4 个常数中的一个去除分子和分母，就可以将分式中 4 个常数化为 3 个常数. 我们只需要知道 3 个条件就可以确定这 3 个独立的常数，因此就能唯一确定一个分式线性映射.

定理 6.3.1 在 z 平面上任意给定三个相异的点 z_1，z_2，z_3，在 w 平面上也任意给定三个相异的点 w_1，w_2，w_3，则存在唯一的分式线性映射，将 z_k 依次映射成 w_k，$k=1$，2，3，此分式线性映射为

$$\frac{w-w_1}{w-w_2}:\frac{w_3-w_1}{w_3-w_2}=\frac{z-z_1}{z-z_2}:\frac{z_3-z_1}{z_3-z_2}$$

证明 设有分式线性映射将 z 平面上的点 z 映射成 w 平面上点 w，将 z_k 依次映射成 w_k，由保交比性得

$$(w_1,w_2,w_3,w)=(z_1,z_2,z_3,z) \tag{6-11}$$

这就是所求的分式线性映射，并由保交比性知此映射是唯一的.

【例 6.3.1】 求将 $z_1=-1$，$z_2=1$，$z_3=\mathrm{i}$ 映射成 $w_1=-1$，$w_2=1$，$w_3=0$ 的分式线性映射.

解 由式（6-11）得

$$\frac{w-(-1)}{w-1}:\frac{0-(-1)}{0-1}=\frac{z-(-1)}{z-1}:\frac{\mathrm{i}-(-1)}{\mathrm{i}-1}$$

即

$$w=\frac{1+\mathrm{i}z}{\mathrm{i}+z}$$

【例 6.3.2】 求将点 $z_1=\infty$，$z_2=1$，$z_3=\mathrm{i}$ 映射成 $w_1=-1$，$w_2=1$，$w_3=0$ 的分式线性映射.

解 由式（6-11）得

$$\frac{w-(-1)}{w-1}:\frac{0-(-1)}{0-1}=\frac{1}{z-1}:\frac{1}{\mathrm{i}-1}$$

即

$$w=\frac{-z+\mathrm{i}}{z+\mathrm{i}-2}$$

考虑到分式线性映射具有保角性、保圆性、保对称性、保交比性 4 个很好的性质，因此在处理边界由圆周、圆弧、直线、直线段所组成的区域的共形映射问题时，分式线性映射将起到十分重要的作用.

定理 6.3.2 在两个已知的圆周 C 与 C' 上，分别取定三个不同的点，存在一个分式线性映射将 C 映射成 C'，则 C 的内部不是映射成 C' 的内部就是 C' 的外部.

证明 设 z_1，z_2 为 C 内的任意两点，用直线段把这两点连接起来，如果线段 z_1z_2 的像为圆弧 $\overset{\frown}{w_1w_2}$（或直线段），且 w_1 在 C' 之外，w_2 在 C' 之内，那么圆弧 $\overset{\frown}{w_1w_2}$ 必与 C' 交于一点 Q，像与原像如图 6-9 所示. 因此 Q 必须是 C 上某一点的像，但从假设 Q 又是 z_1z_2 上某一点的像，因而就有两个不同的点被映射成同一个点 Q，这与分式线性映射的一一对应相矛盾.

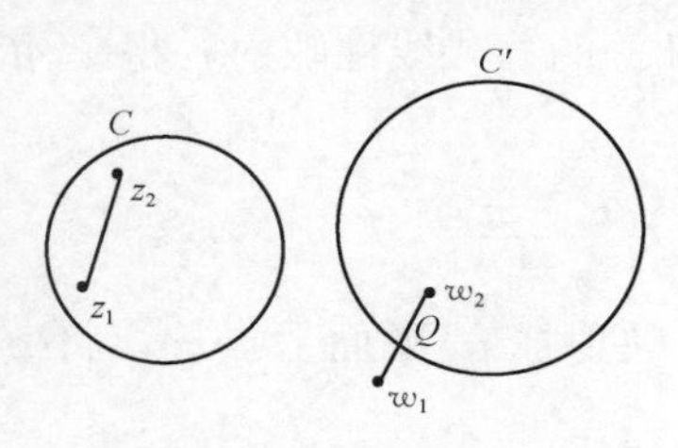

图 6-9 像与原像

推论 6.3.1 在分式线性映射下，若在 C 内任取一点 z_0，而点 z_0 的像在 C' 的内部，则 C 的内部就映射成 C' 的内部，C 的外部就映射成 C' 的外部.

推论 6.3.2 主要内容如下：

(1) 当两个圆周（相交）上没有点映射成无穷远点时，这两个圆周的弧形所围成的区域映射成两个圆弧所围成的区域.

(2) 当两个圆周（相交）上有一个点映射成无穷远点时，这两个圆周的弧形所围成的区域映射成一圆弧与一直线所围成的区域.

(3) 当两个圆周（相交）交点中的一个映射成无穷远点，这两个圆周的圆弧所围成的区域映射成角形区域.

(4) 当两个圆周相切（内切）时，其切点映射成无穷远点，这两个圆周的弧所围成的区域映射成带形区域.

【例 6.3.3】 中心分别在 $z=1$ 与 $z=-1$，半径为 $\sqrt{2}$ 的两个圆弧所围成的区域（圆弧的映射如图 6-10 所示），在映射 $w=\dfrac{z-\mathrm{i}}{z+\mathrm{i}}$ 下映射成什么区域？

解 所设的两个圆弧正相交，其交点为 $z=\mathrm{i}$ 与 $z=-\mathrm{i}$，交点一个 $z=-\mathrm{i}$ 映射成 $w=\infty$，交点 $z=\mathrm{i}$ 映射成 $w=0$，因此由分式线性映射的性质可知，所给区域映射成以原点为顶点的角形区域，张角等于 $\dfrac{\pi}{2}$. 为了确定角形域的位置，只要定出它的边上异于顶点的任何一点就可以. 取所给圆弧 C_1 与正实轴的交点 $z=\sqrt{2}-1$，映射成点

$$w=\frac{\sqrt{2}-1-\mathrm{i}}{\sqrt{2}-1+\mathrm{i}}=\frac{(1-\sqrt{2})+\mathrm{i}(1-\sqrt{2})}{2-\sqrt{2}}$$

此点在第三象限的分角线 C_1'，由保角性知，C_2 映射成第二象限的分角线 C_2'，从而映射成角形区域.

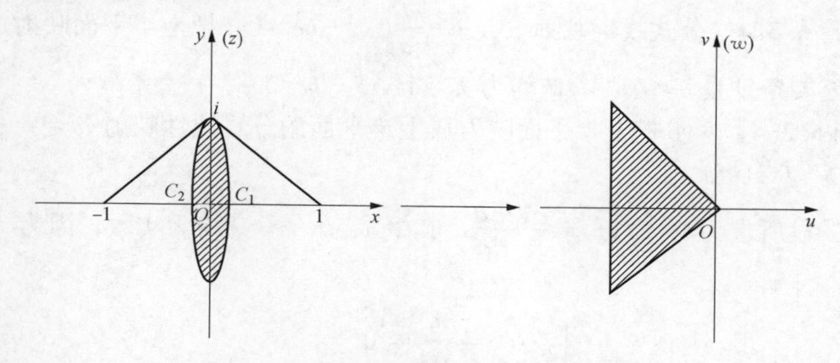

图 6-10 圆弧的映射

6.3.2 三类典型的分式线性映射

(1) 把上半平面映射成上半平面的分式线性映射.

定理 6.3.3 分式线性映射

$$w=\frac{az+b}{cz+d}\ (ad-bc\neq 0)$$

把上半平面映射成上半平面的充要条件是 a，b，c，d 均为实数，$ad-bc>0$.

证明 必要性 设映射 $w=\dfrac{az+b}{cz+d}$ 把上半平面映射成上半平面，根据保圆性，此映射将实轴 $y=\mathrm{Im}z=0$ 映射成实轴 $v=\mathrm{Im}w=0$，这就要求 a，b，c，d 均为实数. 在此映射下必将实轴上三点 $z_1<z_2<z_3$，映射成实轴上三点 $w_1<w_2<w_3$，即保持实轴的正向不变，由此推出，当 z 为实数 x 时，此映射在 $z=x$ 处的旋转角为零. 即 $\arg w'(x)=0$，这时 $w'(x)$ 应为正实数，从而有

$$\frac{\mathrm{d}w}{\mathrm{d}z}=\frac{ad-bc}{(cz+d)^2}>0$$

即 $ad-bc>0$.

充分性 由于 a，b，c，d 均为实数，映射 $w=\dfrac{az+b}{cz+d}(ad-bc\neq 0)$ 把实轴映射成实轴，因为 $ad-bc>0$，所以

$$\frac{\mathrm{d}w}{\mathrm{d}z}=\frac{ad-bc}{(cz+d)^2}>0$$

即 $\arg w'(x)=0$，这表明此映射将正实轴映射成正实轴.

推论 6.3.3 分式线性映射 $w=\dfrac{az+b}{cz+d}(ad-bc\neq 0)$ 把下半平面映射成下半平面的充要条件是 a，b，c，d 均为实数且 $ad-bc>0$.

推论 6.3.4 分式线性映射 $w=\dfrac{az+b}{cz+d}(ad-bc\neq 0)$ 把上半平面映射成下半平面的充要条件是 a，b，c，d 均为实数且 $ad-bc<0$.

【例 6.3.4】 求把上半平面映射成上半平面的分式线性映射 $w=f(z)$，且 $f(0)=0$，$f(\mathrm{i})=1+\mathrm{i}$.

解 设所求为 $w=f(z)=\dfrac{az+b}{cz+d}$，其中 a，b，c，d 均为实数，因为 $f(0)=0$，$f(\mathrm{i})=1+\mathrm{i}$. 有

$$\begin{cases} f(0)=\dfrac{b}{d}=0 \\ f(\mathrm{i})=\dfrac{a\mathrm{i}+b}{c\mathrm{i}+d}=1+\mathrm{i} \end{cases}$$

解得

$$\begin{cases} b=0 \\ c=d=\dfrac{1}{2}a \end{cases}$$

从而所求分式线性映射为

$$w=f(z)=\frac{2z}{z+1}$$

又因为 $ad-bc=2>0$，所以此映射把上半平面映射成上半平面.

(2) 把上半平面映射成单位圆内部的分式线性映射.

定理 6.3.4 分式线性映射将 $\mathrm{Im}z>0$ 映射到 $|w|<1$ 的充要条件是它具有如下形式

$$w=f(z)=\mathrm{e}^{\mathrm{i}\theta}\,\frac{z-\alpha}{z-\overline{\alpha}}$$

其中 θ 为实数，$\mathrm{Im}\alpha>0$.

证明 必要性 设分式线性映射 $w=\dfrac{az+b}{cz+d}$将 $\mathrm{Im}z>0$ 映射到 $|w|<1$，根据保圆性，它必将实轴 $\mathrm{Im}z=0$ 映射成单位圆周 $|w|=1$，且把点 $z=\alpha(\mathrm{Im}\alpha>0)$ 映射成 $w=0$，根据保对称性知，点 α 关于实轴的对称点 $z=\overline{\alpha}$ 应该映射成 $w=0$ 关于单位圆周的对称点 $w=\infty$，因此有 $f(\alpha)=0$，$f(\overline{\alpha})=\infty$，得

$$\begin{cases} a\alpha+b=0 \\ c\overline{\alpha}+d=0 \end{cases}$$

解得

$$\begin{cases} b = -a\alpha \\ d = -c\overline{\alpha} \end{cases}$$

即

$$w = f(z) = \frac{a}{c}\frac{z-\alpha}{z-\overline{\alpha}}$$

又由 $w=f(z)$ 将边界 $\mathrm{Im}z=0$ 映射成边界 $|w|=1$，若令 $z=x$，x 为实数，得

$$\left|\frac{a}{c}\frac{x-\alpha}{x-\overline{\alpha}}\right| = 1$$

即 $\left|\frac{a}{c}\right|=1$，$\frac{a}{c}=\mathrm{e}^{\mathrm{i}\theta}$，故有

$$w = f(z) = \mathrm{e}^{\mathrm{i}\theta}\frac{z-\alpha}{z-\overline{\alpha}}$$

充分性 因为当 $z=x$，x 为实数时，有

$$|w| = \left|\mathrm{e}^{\mathrm{i}\theta}\frac{x-\alpha}{x-\overline{\alpha}}\right| = |\mathrm{e}^{\mathrm{i}\theta}|\left|\frac{x-\alpha}{x-\overline{\alpha}}\right| = 1$$

即把实轴 $\mathrm{Im}z=0$ 映射成 $|w|=1$，又因为上半平面中的 $z=\alpha$ 映射成 $w=0$，所以

$$w = f(z) = \mathrm{e}^{\mathrm{i}\theta}\frac{z-\alpha}{z-\overline{\alpha}}$$

必将 $\mathrm{Im}z>0$ 映射成 $|w|<1$.

推论 6.3.5 分式线性映射将 $\mathrm{Im}z>0$ 映射到 $|w|>1$ 的充要条件是它具有如下形式

$$w = f(z) = \mathrm{e}^{\mathrm{i}\theta}\frac{z-\alpha}{z-\overline{\alpha}}$$

其中 θ 为实数，$\mathrm{Im}\alpha<0$.

【例 6.3.5】 求分式线性映射 $w=f(z)$，它把 $\mathrm{Im}z>0$ 映射成单位圆内部 $|w|<1$，并且满足

(1) $f(\mathrm{i})=0$；

(2) 从点 $z=\mathrm{i}$ 出发平行于正实轴的方向，对应着从点 $w=0$ 出发的虚轴正向，即 $\arg w'(\mathrm{i})=\frac{\pi}{2}$.

解 由 (1) 设 $w=f(z)=\mathrm{e}^{\mathrm{i}\theta}\frac{z-\mathrm{i}}{z+\mathrm{i}}$，则

$$w'\big|_{z=\mathrm{i}} = \mathrm{e}^{\mathrm{i}\theta}\frac{2\mathrm{i}}{(z+\mathrm{i})^2}\bigg|_{z=\mathrm{i}} = \frac{1}{2}\mathrm{e}^{\mathrm{i}\left(\theta-\frac{\pi}{2}\right)}$$

由条件（2）得

$$\arg w'(\mathrm{i}) = \theta - \frac{\pi}{2} = \frac{\pi}{2}$$

即

$$\theta = \pi$$

于是所求分式线性映射为

$$w = f(z) = \mathrm{e}^{\mathrm{i}\pi} \frac{z-\mathrm{i}}{z+\mathrm{i}} = -\frac{z-\mathrm{i}}{z+\mathrm{i}}$$

（3）把单位圆内部映射到单位圆内部的分式线性映射.

定理 6.3.5 分式线性映射将$|z|<1$映射到$|w|<1$的充要条件是它具有如下形式：

$$w = f(z) = \mathrm{e}^{\mathrm{i}\theta} \frac{z-\alpha}{1-\overline{\alpha} z}$$

其中θ为实数，$|\alpha|<1$.

证明　必要性　设分式线性映射$w=\dfrac{az+b}{cz+d}$将单位圆内部$|z|<1$映射到单位圆内部$|w|<1$，则它必将某一点$\alpha(|\alpha|<1)$映射到$w=0$，根据分式线性映射的保对称性知，它必将$z=\alpha$关于$|z|=1$的对称点映射到$w=0$关于$|w|=1$的对称点$w=\infty$，由此$f(\alpha)=0$，$f\left(\dfrac{1}{\overline{\alpha}}\right)=\infty$，得

$$\begin{cases} a\alpha + b = 0 \\ c\dfrac{1}{\overline{\alpha}} + d = 0 \end{cases}$$

解得

$$\begin{cases} b = -a\alpha \\ d = -\dfrac{c}{\overline{\alpha}} \end{cases}$$

则

$$w = f(z) = \frac{a}{c} \frac{z-\alpha}{z-\dfrac{1}{\overline{\alpha}}} = -\frac{a}{c}\overline{\alpha} \frac{z-\alpha}{1-\overline{\alpha} z}$$

由$w=f(z)$将$|z|=1$映射成$|w|=1$，令$z=\mathrm{e}^{\mathrm{i}\theta_0}$，$\theta_0$为实数，得

$$1 = |w| = \left| -\frac{a}{c}\overline{\alpha} \frac{\mathrm{e}^{\mathrm{i}\theta_0}-\alpha}{1-\overline{\alpha}\mathrm{e}^{\mathrm{i}\theta_0}} \right| = \left| -\frac{a}{c}\overline{\alpha} \right|$$

即

$$-\frac{a}{c}\overline{\alpha} = \mathrm{e}^{\mathrm{i}\theta}, \theta \text{为实数}$$

即

$$w=f(z)=\mathrm{e}^{\mathrm{i}\theta}\frac{z-\alpha}{1-\overline{\alpha}z},\theta\text{ 为实数},|\alpha|<1$$

充分性 若令 $z=\mathrm{e}^{\mathrm{i}\theta_0}$，$\theta_0$ 为实数，则

$$|w|=\left|\mathrm{e}^{\mathrm{i}\theta}\frac{\mathrm{e}^{\mathrm{i}\theta_0}-\alpha}{1-\overline{\alpha}\mathrm{e}^{\mathrm{i}\theta_0}}\right|=|\mathrm{e}^{\mathrm{i}\theta}|\left|\frac{1}{\mathrm{e}^{\mathrm{i}\theta_0}}\right|\left|\frac{\mathrm{e}^{\mathrm{i}\theta_0}-\alpha}{\mathrm{e}^{-\mathrm{i}\theta_0}-\overline{\alpha}}\right|=1$$

此映射将 $|z|=1$ 映射到 $|w|=1$，此外，在单位圆内部 $|z|<1$ 有一点 $z=\alpha$ 映射成 $w=0$，故由定理知，此映射将 $|z|<1$ 映射成 $|w|<1$.

推论 6.3.6 分式线性映射将 $|z|<1$ 映射到 $|w|>1$ 的充要条件是，它具有如下形式：

$$w=f(z)=\mathrm{e}^{\mathrm{i}\theta}\frac{z-\alpha}{1-\overline{\alpha}z}$$

其中 θ 为实数，$|\alpha|>1$.

【例 6.3.6】 求分式线性映射 $w=f(z)$，它将 $|z|<1$ 映射成 $|w|<1$，且满足 $f\left(\frac{1}{2}\right)=0$，$f'\left(\frac{1}{2}\right)>0$.

解 由题意得

$$w=f(z)=\mathrm{e}^{\mathrm{i}\theta}\frac{z-\frac{1}{2}}{1-\frac{1}{2}z}=\mathrm{e}^{\mathrm{i}\theta}\frac{2z-1}{2-z},\theta\text{ 为实数}$$

$f'(z)=\mathrm{e}^{\mathrm{i}\theta}\frac{3}{(2-z)^2}$，$f'\left(\frac{1}{2}\right)=\frac{4}{3}\mathrm{e}^{\mathrm{i}\theta}$，$\arg f'\left(\frac{1}{2}\right)=\theta$，由条件 $f'\left(\frac{1}{2}\right)>0$ 得，$\theta=2k\pi$，k 为整数，故有

$$w=\mathrm{e}^{\mathrm{i}2k\pi}\frac{2z-1}{2-z}=\frac{2z-1}{2-z}$$

§6.4 几个初等函数所构成的映射

6.4.1 幂函数与根式函数

(1) 幂函数 $w=z^n$，n 为自然数，且 $n\geqslant 2$ 在 z 平面上处处可导，且 $\frac{\mathrm{d}w}{\mathrm{d}z}=nz^{n-1}$，当 $z\neq 0$ 时，$\frac{\mathrm{d}w}{\mathrm{d}z}\neq 0$，因此由 $w=z^n$ 所构成的映射在除去原点的 z 平面上处处是共形的.

若令 $z=r\mathrm{e}^{\mathrm{i}\theta}$，$w=\rho\mathrm{e}^{\mathrm{i}\varphi}$，则

$$\rho\mathrm{e}^{\mathrm{i}\varphi}=r^n\mathrm{e}^{\mathrm{i}n\theta}$$

即

$$\rho = r^n, \varphi = n\theta$$

显然，在映射 $w=z^n$ 下，z 平面上的圆周 $|z|=r$ 映射成 w 平面上的圆周 $|w|=r^n$；射线 $\theta=\arg z=\theta_0$ 映射成射线 $\varphi=\arg w=n\theta_0$；正实轴 $\theta=0$ 映射成正实轴 $\varphi=0$；角形域 $0<\theta<\theta_0$，$\theta_0<\dfrac{2\pi}{n}$映射成角形域 $0<\varphi<n\theta_0$，角形域映射如图 6-11 所示.

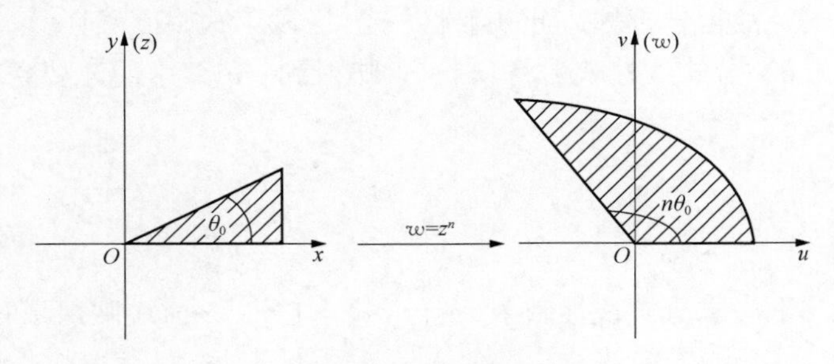

图 6-11　角形域映射

因此，由幂函数 $w=z^n$ 所构成的映射具有如下特征：它能把以 $z=0$ 为顶点的角形域映射成以 $w=0$ 为顶点的角形域，且映射后的张角是原张角的 n 倍.

特别地，把 z 平面上的角形域 $0<\arg z<\dfrac{\pi}{n}$映射成 w 平面上的上半平面$0<\arg w<\pi$，把 z 平面上的角形域 $0<\arg z<\dfrac{2\pi}{n}$映射成 w 平面（$\arg z=0$ 映射成 w 平面上正实轴的上岸 $\arg w=0$，$\arg z=\dfrac{2\pi}{n}$映射成沿正实轴剪开的 w 平面上正实轴的下岸 $\arg w=2\pi$，特殊角形域映射如图 6-12 所示）.

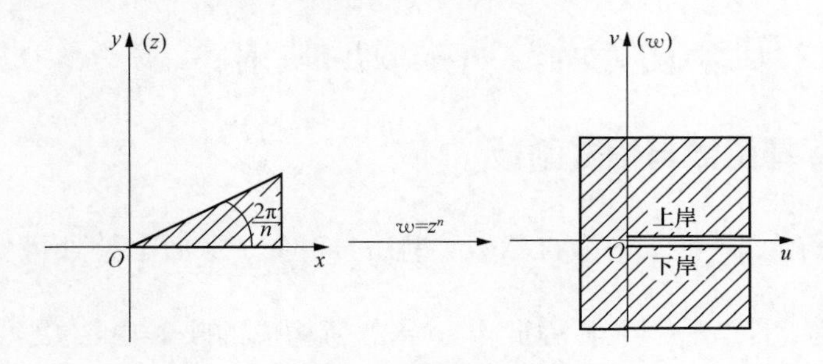

图 6-12　特殊角形域映射

（2）根式函数 $w=\sqrt[n]{z}$是幂函数 $w=z^n$ 的反函数，它所构成的映射是把以 $z=0$

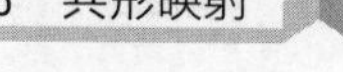

为顶点的角形域映射成以 $w=0$ 为顶点的角形域，但张角缩小为原张角的$\frac{1}{n}$.

【例 6.4.1】 把角形域 $0<\arg z<\frac{\pi}{4}$映射成 $0<\arg w<\frac{5\pi}{4}$的映射.

解 作映射 $w=z^5$ 即可.

6.4.2 指数函数与对数函数

(1) 指数函数 $w=e^z$ 在 z 平面上处处解析，且 $(e^z)'=e^z\neq 0$，故映射 $w=e^z$ 在 z 平面上是共形的.

令 $z=x+iy$，$w=\rho e^{i\varphi}$，则

$$\rho e^{i\varphi}=e^{x+iy}=e^x e^{iy}$$

即

$$\rho=e^x,\varphi=y$$

由此可见，在映射 $w=e^z$ 下，z 平面上直线 $x=x_0$（x_0 常数）映射成 w 平面上的圆周 $|w|=\rho=e^{x_0}$；z 平面上直线 $y=y_0$（y_0 常数）映射成 w 平面上的射线 $\varphi=\arg w=y_0$；横带形域 $0<y<a$（$0<a<2\pi$）映射成角形域 $0<\arg w<a$，指数函数映射如图 6-13 所示；特别地横带形域 $0<y<2\pi$ 映射成沿正实轴剪开的 w 平面 $0<\arg w<2\pi$，特殊指数函数映射如图 6-14 所示.

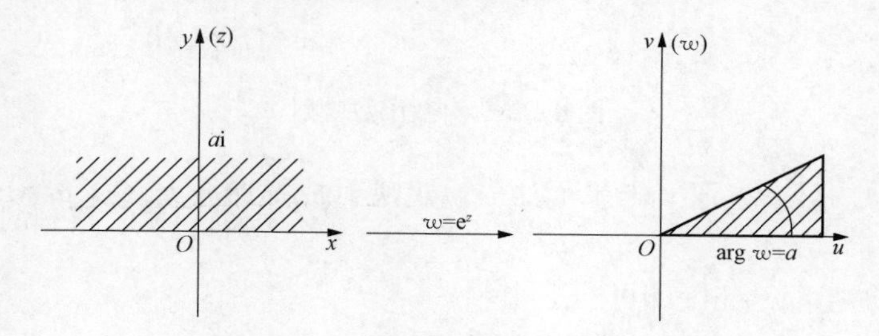

图 6-13 指数函数映射

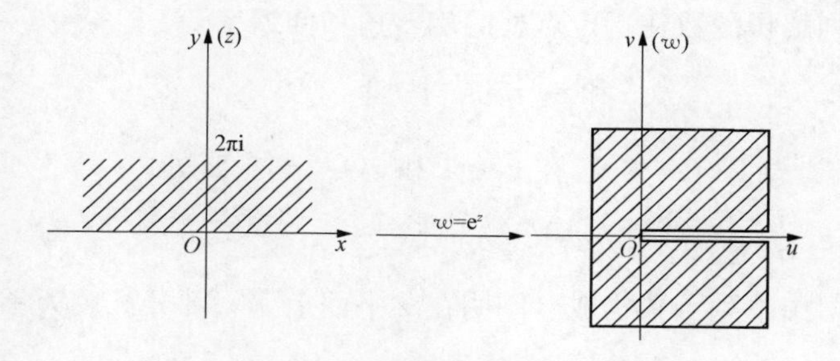

图 6-14 特殊指数函数映射

由指数函数 $w=e^z$ 所构成的映射具有如下特征：把横带形域 $0<\text{Im}z=y<a$，$0<a\leqslant 2\pi$ 映射成角形域 $0<\arg w<a$.

(2) 对数函数 $w=\ln z$（它是 $\text{Ln}z$ 的主值）是指数函数 $w=e^z$ 的反函数.

令 $z=re^{i\theta}$，$w=u+iv$，则

$$re^{i\theta}=e^{u+iv}=e^u e^{iv}$$

即

$$u=\ln r, v=\theta$$

由此可见，在映射 $w=\ln z$ 下，z 平面上的圆周 $|z|=r$，$0<\arg z=\theta<2\pi$ 映射成 w 平面上的直线段 $u=\ln r$，$0<v<2\pi$；z 平面上射线 $\theta=\arg z=\alpha$ 映射成 w 平面上的直线 $v=\alpha$.

由对数函数 $w=\ln z$ 所构成的映射具有如下特征：把角形域 $0<\arg z=\theta<\alpha$，$0<\alpha\leqslant 2\pi$ 映射成横带形域 $0<v=\text{Im}w<\alpha$. 对数函数映射如图 6-15 所示.

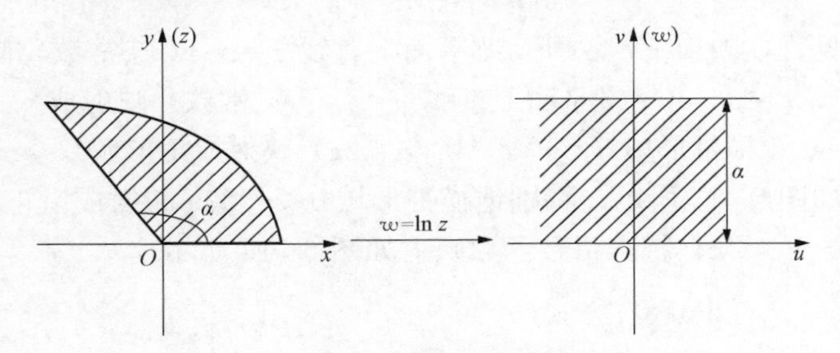

图 6-15　对数函数映射

【例 6.4.2】　求把上半平面 $\text{Im}z>0$ 映射成横带形域 $0<v=\text{Im}w<\pi$ 的映射.

解　作映射 $w=\ln z$ 即可.

习题 6

1. 求下列解析函数在指定点处的旋转角和伸缩率.

(1) $w=z^3$ 在 $z_1=-\dfrac{1}{4}$ 和 $z_2=\sqrt{3}-i$ 处；

(2) $w=(1+i\sqrt{3})z+2-i$ 在 $z_1=1$ 和 $z_2=-3+2i$ 处；

(3) $w=e^z$ 在 $z_1=\dfrac{\pi i}{2}$ 和 $z_2=2-\pi i$ 处.

2. 设映射由下列函数构成. 阐明在 z 平面上哪一部分被放大了，哪一部分被缩小了.

(1) $w=z^2+2z$；

（2）$w=e^{z+1}$.

3. 求 $w=z^2$ 在点 $z=i$ 处的伸缩率和旋转角. 问 $w=z^2$ 将经过点 $z=i$ 且平行于实轴正向的曲线的切线方向映射成 w 平面上哪一个方向？

4. 下列映射在 z 平面上每一点都具有旋转角和伸缩率不变性吗？

（1）$w=z^2$；

（2）$w=\frac{1}{3}z^3+z$.

5. 试确定满足下列要求的分式线性映射 $w=f(z)$.

（1）将 $z_1=2$，$z_2=i$，$z_3=-2$ 分别映射成 $w_1=-1$，$w_2=i$，$w_3=1$；

（2）将 $z_1=\infty$，$z_2=i$，$z_3=0$ 分别映射成 $w_1=0$，$w_2=i$，$w_3=\infty$；

（3）将 $z_1=\infty$，$z_2=0$，$z_3=1$ 分别映射成 $w_1=0$，$w_2=1$，$w_3=\infty$；

（4）将 $z_1=1$，$z_2=i$，$z_3=-1$ 分别映射成 $w_1=\infty$，$w_2=-1$，$w_3=0$.

6. 试证：对任何一个分式线性映射 $w=\frac{az+b}{cz+d}$ 都可以认为 $ad-bc=1$.

7. 设 $w=e^{i\varphi}\frac{z-\alpha}{1-\overline{\alpha}z}$，试证 $\varphi=\arg w'(\alpha)$.

8. 求把上半平面 $\mathrm{Im}z>0$ 映射成单位圆内部 $|w|<1$ 的分式线性映射 $w=f(z)$，并满足条件：

（1）$f(i)=0$，$f(-1)=1$；

（2）$f(i)=0$，$\arg f'(i)=0$.

附录 A　第 1 章例题 Matlab 实现

关于复数计算的基本命令，列举如下：

在 Matlab 命令窗口输入：

```
clc
clear
z0 = 1 + i              % 定义复数 z0
h1 = real(z0)           % 计算复数 z0 的实部
h2 = imag(z0)           % 计算复数 z0 的虚部
h3 = angle(z0)          % 计算复数 z0 的辐角主值
h33 = pi/4              % 把 pi 表示成小数
h4 = abs(z0)            % 计算复数 z0 的模
h5 = conj(z0)           % 计算复数 z0 的共轭复数
```

执行结果：

```
z0 =
   1.0000 + 1.0000i
h1 =
   1
h2 =
   1
h3 =
   0.7854
h33 =
   0.7854
h4 =
   1.4142
h5 =
   1.0000 - 1.0000i
```

［例 1.1.1］　化简 $z=\frac{\mathrm{i}}{1-\mathrm{i}}+\frac{1-\mathrm{i}}{\mathrm{i}}$为代数式.

在 Matlab 命令窗口输入：

```
clc
clear
```

```
z = i/(1 - i) + (1 - i)/i
```

执行结果：

```
z =
  - 1.5000 - 0.5000i
```

［例 1.1.2］ 计算 $z=(1+5\mathrm{i})\overline{(2-3\mathrm{i})}+(4+\mathrm{i})^2$.

在 Matlab 命令窗口输入：

```
clc
clear
z = (1 + 5 * i) * conj(2 - 3 * i) + (4 + i)^2
```

执行结果：

```
z =
  2.0000 + 21.0000i
```

［例 1.1.4］ 求复数 $z=-1+\mathrm{i}\sqrt{3}$的模与辐角.

在 Matlab 命令窗口输入：

```
clc
clear
z = - 1 + i * sqrt(3);
h1 = abs(z)
h2 = angle(z)
h22 = 2 * pi/3
```

执行结果：

```
h1 =
   2.0000
h2 =
   2.0944
h22 =
     2.0944
```

［例 1.1.6］ 将复数 $z=-\sqrt{12}-2\mathrm{i}$ 分别化为三角表示式和指数表示式.

在 Matlab 命令窗口输入：

```
clc
clear
z = - sqrt(12) - i * 2;
```

```
h1 = abs(z)
h2 = angle(z)
h22 = - 5 * pi/6
```

执行结果：

```
h1 =
    4.0000
h2 =
  - 2.6180
h22 =
  - 2.6180
```

[例 1.2.1]　已知正三角形的两个顶点为 $z_1=1$，$z_2=2+\mathrm{i}$，求它的另一顶点 z_3 和 z_{33}.

在 Matlab 命令窗口输入：

```
clc
clear
z1 = 1;
z2 = 2 + i;
z3 = z1 + (z2 - z1) * exp(i * pi/3)
h3 = (3 - sqrt(3))/2 + i * (1 + sqrt(3))/2
z33 = z1 + (z2 - z1) * exp( - i * pi/3)
h33 = (3 + sqrt(3))/2 + i * (1 - sqrt(3))/2
```

执行结果：

```
z3 =
   0.6340 + 1.3660i
h3 =
   0.6340 + 1.3660i
z33 =
   2.3660 - 0.3660i
h33 =
   2.3660 - 0.3660i
```

[例 1.2.2]　求 $\sqrt[4]{1+\mathrm{i}}$.

在 Matlab 命令窗口输入：

```
clc
clear
```

```
z = 1 + i
h1 = angle(z)
h11 = pi/4
k = 0:3
w = 2^(1/8) * (cos((h1 + 2 * k * pi)/4) + i * sin((h1 + 2 * k * pi)/4)) %计算方程的根
zz = w.^4                %验证每个根的4次方是否等于1 + i
w0 = w(1,1)              %w0为第一个根
w1 = w(1,1) * i          %w1为第二个根,由第一个根逆时针旋转pi/2
w2 = w(1,1) * i^2        %w2为第三个根,由第一个根逆时针旋转pi
w3 = w(1,1) * i^3        %w3为第四个根,由第一个根逆时针旋转3pi/2
```

执行结果：

```
z =
   1.0000 + 1.0000i
h1 =
   0.7854
h11 =
   0.7854
k =
   0     1     2     3
w =
   1.0696 + 0.2127i   -0.2127 + 1.0696i   -1.0696 - 0.2127i   0.2127 - 1.0696i
zz =
   1.0000 + 1.0000i   1.0000 + 1.0000i   1.0000 + 1.0000i   1.0000 + 1.0000i
w0 =
   1.0696 + 0.2127i
w1 =
  -0.2127 + 1.0696i
w2 =
  -1.0696 - 0.2127i
w3 =
   0.2127 - 1.0696i
```

附录B　第2章例题 Matlab 实现

关于导数的基本命令，列举如下：

```
diff(f(x))                      % 对单变量函数 f(x)求一阶导数
diff(f(x),n)                    % 对单变量函数 f(x)求 n 阶导数
diff(f(x1,x2,...,x10),x3)       % 对含有 10 个变量的函数 f 对变量 x3 求偏导数
```

在 Matlab 命令窗口输入：

```
clc
clear
syms x y   % 定义符号变量
f1 = sin(x)
f2 = x^2 + sin(x) * y
df1 = diff(f1)
df2 = diff(f1,2)
df3 = diff(f2,x)
df33 = diff(f2,y)
```

执行结果：

```
f1 =
sin(x)
f2 =
y * sin(x) + x^2
df1 =
cos(x)
df2 =
- sin(x)
df3 =
2 * x + y * cos(x)
df33 =
sin(x)
```

［例 2.1.1］　求 $f(z)=z^2$ 的导数.

在 Matlab 命令窗口输入：

```
clc
```

```
clear
syms z
f = z^2
df = diff(f)
```

执行结果：

```
f =
z^2
df =
2 * z
```

[例2.1.2] 求 $f(z)=z^n$ 的导数，n 为正整数.

在Matlab命令窗口输入：

```
clc
clear
syms z n
f = z^n
df = diff(f,z,1)
```

执行结果：

```
f =
z^n


df =
n * z^(n-1)
```

[例2.1.4] 已知 $f(z)=\dfrac{2z}{1-z}$，求 $f'(0)$ 和 $f'(\mathrm{i})$.

在Matlab命令窗口输入：

```
clc
clear
syms z
f = 2 * z/(1 - z)
df = diff(f)
df = simplify(df)    % 化简 df
df0 = subs(df,z,0)
dfi = subs(df,z,i)
```

执行结果：

```
f =
-(2*z)/(z-1)
df =
(2*z)/(z-1)^2-2/(z-1)
df =
2/(z-1)^2
df0 =
2
dfi =
1i
```

可以借助 Matlab 软件，得到 C-R 方程成立的条件，进而可以验证 C-R 方程是否成立，进而判定函数的可导与解析性.

[例 2.2.1] 讨论函数 $f(z)=z\mathrm{Re}z$ 的可导性.

在 Matlab 命令窗口输入：

```
clc
clear
syms x y
u=x^2
v=x*y
pux=diff(u,x);
puy=diff(u,y);
pvx=diff(v,x);
pvy=diff(v,y);
puxjianvy=simplify(pux-pvy)
puyjiavx=simplify(puy+pvx)
if puxjianvy~=0
    disp('不满足 C-R 方程')
elseif puyjiavx~=0
    disp('不满足 C-R 方程')
else
    disp('满足 C-R 方程')
end
```

执行结果：

```
u =
x^2
v =
```

```
x*y
puxjianvy=
x
puyjiavx=
y
不满足C-R方程
```

通过 Matlab 计算知，只有当 $x=0, y=0$ 时，C-R 方程成立.

[例 2.2.2] 讨论函数 $f(z)=e^x(\cos y+i\sin y)$ 的解析性.

在 Matlab 命令窗口输入：

```
clc
clear
syms x y
u=exp(x)*cos(y)
v=exp(x)*sin(y)
pux=diff(u,x);
puy=diff(u,y);
pvx=diff(v,x);
pvy=diff(v,y);
puxjianvy=simplify(pux-pvy)
puyjiavx=simplify(puy+pvx)
if puxjianvy~=0
    disp('不满足C-R方程')
elseif puyjiavx~=0
    disp('不满足C-R方程')
else
    disp('满足C-R方程')
end
```

执行结果：

```
u=
exp(x)*cos(y)
v=
exp(x)*sin(y)
puxjianvy=
0
puyjiavx=
0
```

满足 C-R 方程

［例 2.2.3］　设函数 $f(z)=x^2+axy+by^2+\mathrm{i}(cx^2+dxy+y^2)$，问常数 a，b，c，d 取何值时，$f(z)$ 在复平面内处处解析？

在 Matlab 命令窗口输入：

```
clc
clear
syms x y a b c d
u=x^2+a*x*y+b*y^2
v=c*x^2+d*x*y+y^2
pux=diff(u,x);
puy=diff(u,y);
pvx=diff(v,x);
pvy=diff(v,y);
puxjianvy=collect(pux-pvy)
puyjiavx=collect(puy+pvx)
if puxjianvy~=0
    disp('不满足C-R方程')
elseif puyjiavx~=0
     disp('不满足C-R方程')
else
    disp('满足C-R方程')
end
```

执行结果：

```
u=
x^2+a*x*y+b*y^2
v=
c*x^2+d*x*y+y^2
puxjianvy=
(2-d)*x+a*y-2*y
puyjiavx=
(a+2*c)*x+2*b*y+d*y
不满足C-R方程
```

通过 Matlab 计算知，只有当 $a=2$，$b=-1$，$c=-1$，$d=2$ 时，满足 C-R 方程.

［例 2.2.4］　讨论函数 $f(z)=x^2-\mathrm{i}y$ 的可导性与解析性.

在 Matlab 命令窗口输入：

```
clc
clear
syms x y
u = x^2
v = -y
pux = diff(u,x);
puy = diff(u,y);
pvx = diff(v,x);
pvy = diff(v,y);
puxjianvy = collect(pux - pvy)
puyjiavx = collect(puy + pvx)
if puxjianvy~ = 0
    disp('不满足C-R方程')
elseif puyjiavx~ = 0
     disp('不满足C-R方程')
else
    disp('满足C-R方程')
end
```

执行结果：

```
u =
x^2
v =
-y
puxjianvy =
2 * x + 1
puyjiavx =
0
不满足C-R方程
```

通过Matlab计算知，只有当 $x=-\frac{1}{2}$ 时，满足C-R方程.

［例2.3.1］　已知 $f(z)=e^z$，求 $f'(z)$ 和 $f'(i)$.

在Matlab命令窗口输入：

```
clc
clear
syms z
f = exp(z)
```

```
df = diff(f)
dfi = subs(df,z,i)
```

执行结果：

```
f =
exp(z)
df =
 exp(z)
dfi =
 exp(1i)
```

［例 2.3.2］求 $e^{1+i\frac{\pi}{3}}$ 的值.

在 Matlab 命令窗口输入：

```
clc
clear
f = exp(1 + i * pi/3)
f1 = exp(1) * cos(pi/3) + i * exp(1) * sin(pi/3)
```

执行结果：

```
f =
  1.3591 + 2.3541i
f1 =
  1.3591 + 2.3541i
```

［例 2.3.3］求 Lni 和 Ln(1+i) 及它们的主值.

在 Matlab 命令窗口输入：

```
clc
clear
lni = log(i)                %返回主值支
H1 = pi * i/2
ln1i = log(1 + i)           %返回主值支
H2 = log(sqrt(2)) + i * pi/4
```

执行结果：

```
lni =
  0.0000 + 1.5708i
H1 =
  0.0000 + 1.5708i
```

```
ln1i =
   0.3466 + 0.7854i
H2 =
   0.3466 + 0.7854i
```

[例 2.3.4] 解方程 $e^z+1=0$.

在 Matlab 命令窗口输入：

```
clc
clear
z = log(-1)
```

执行结果：

```
z =
   0.0000 + 3.1416i
```

[例 2.3.5] 求 $1^{\sqrt{2}}$ 和 i^i 的所有值.

在 Matlab 命令窗口输入：

```
clc
clear
lsq2 = 1^sqrt(2)
f1 = i^i
f2 = exp(-pi/2)
```

执行结果：

```
lsq2 =
    1
f1 =
    0.2079
f2 =
    0.2079
```

由于复变函数的自变量是2维的，函数值也是2维的，在绘制复变函数图形时需要4个变量来表示. 以空间中的 X 轴与 Y 轴表示自变量 z 所在的复平面，以空间中的 Z 轴表示函数值的实部，用颜色来表示函数值的虚部. 为了表示颜色与数值之间的对应关系，通常使用命令 colorbar 来标注各个颜色所代表的数值.

下面画复指数函数 $w=e^z$ 图形.

在 Matlab 命令窗口输入：

```
clc
clear
z = cplxgrid(30);            % 生成(m + 1) × 2(m + 1)的极坐标下的复数数据网络，最大半
                               径为 1 的圆形.
cplxmap(z,exp(z));           % 绘制复变函数的图形.
colorbar('vert');            % 颜色表示复变函数的虚部
z = title('$ $w = $ $e$ $^z$ $');

set(z,'Interpreter','latex');
```

执行结果：

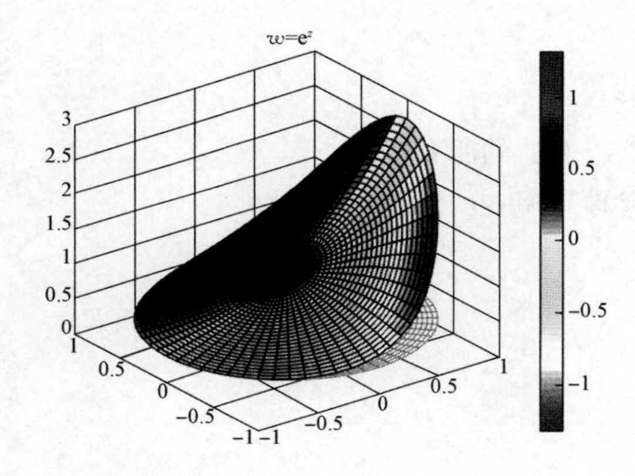

下面画函数 $w=z^3$ 图形.

在 Matlab 命令窗口输入：

```
clc
clear
z = cplxgrid(30);
cplxmap(z,z.^3) ;
colorbar('vert') ;
z = title('$ $w = z^{3} $ $');
set(z,'Interpreter','latex');
```

执行结果：

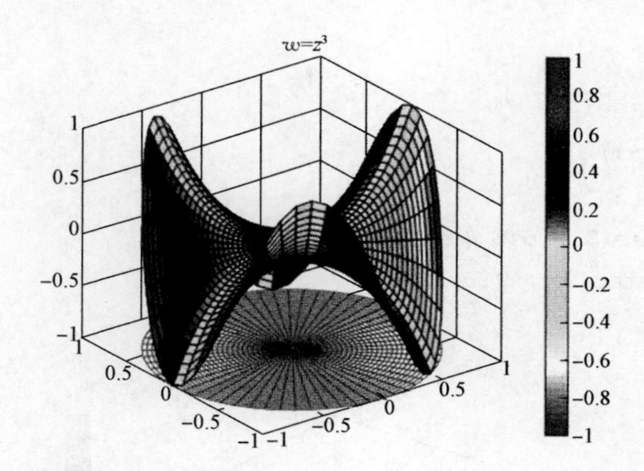

下面画函数 $w=\sin z$ 图形.

在 Matlab 命令窗口输入：

```
clc
clear
z = 5 * cplxgrid(30);
cplxmap(z,sin(z)) ;
colorbar('vert') ;
z = title('$ $w= $ $sin$ $z$ $');
set(z,'Interpreter','latex');
```

执行结果：

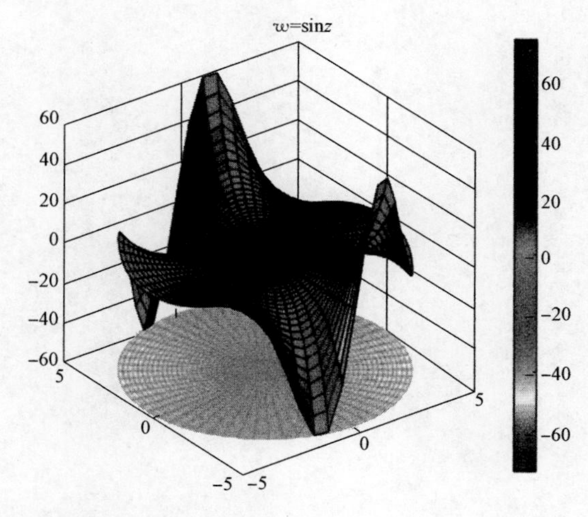

下面画函数 $w=\cos z$ 图形.

在 Matlab 命令窗口输入：

```
clc
clear
z = 5 * cplxgrid(30);
cplxmap(z,cos(z)) ;
colorbar('vert') ;
z = title('$ $w= $ $cos$ $z$ $');
set(z,'Interpreter','latex');
```

执行结果:

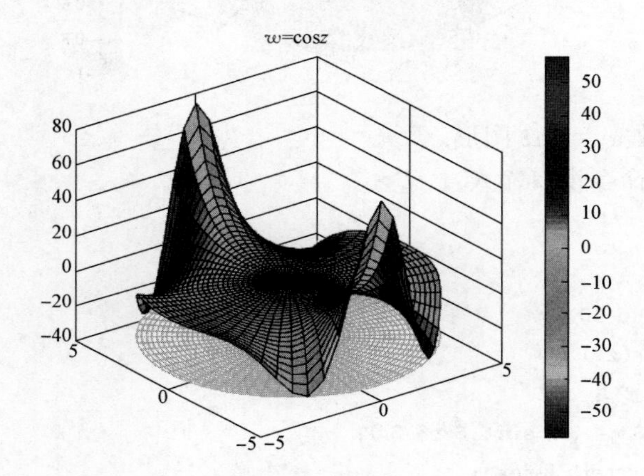

附录C　第3章例题 Matlab 实现

关于积分的基本命令，列举如下：

```
int(f(x),x,xmin,xmax)
x为预先定义的符号变量
xmin符号变量的最小值
xmax符号变量的最大值
```

在 Matlab 命令窗口输入：

```
clc
clear
syms x
f = x^2
inc = int(f,x,1,2)
```

执行结果：

```
f =
x^2
inc =
7/3
```

［例 3.1.1］计算积分 $\int_C \mathrm{Re}z\mathrm{d}z$，其中 C 为

（1）连接原点与点 $1+\mathrm{i}$ 的直线段 C_1；

（2）从原点沿 x 轴到 1 的直线段 C_2 与从 1 到 $1+\mathrm{i}$ 的直线段 C_3 所连接成的折线.

（1）在 Matlab 命令窗口输入：

```
clc
clear
syms t
A = 0 + 0 * i;
B = 1 + 1 * i;
z1 = A + t * (B - A);
f1 = real(z1);
fdz1 = f1 * diff(z1,t);
inc = int(fdz1,t,0,1)
```

执行结果：

```
inc =
1/2 + 1i/2
```

（2）在 Matlab 命令窗口输入：

```
clc
clear
symst
A = 0 + 0 * i;
B = 1 + 0 * i;
z1 = A + t * (B - A);
f1 = real(z1);
fdz1 = f1 * diff(z1,t);
inc1 = int(fdz1,t,0,1)
C = 1 + 0 * i;
D = 1 + i;
z2 = C + t * (D - C);
f2 = real(z2);
fdz2 = f2 * diff(z2,t);
inc2 = int(fdz2,t,0,1)
inc = inc1 + inc2
```

执行结果：

```
inc1 =
1/2
inc2 =
1i
inc =
1/2 + 1i
```

［例 3.1.2］计算积分 $\int_C z\,\mathrm{d}z$，其中 C 为

（1）连接原点与点 $1+\mathrm{i}$ 的直线段 C_1；

（2）从原点沿 x 轴到 1 的直线段 C_2 与从 1 到 $1+\mathrm{i}$ 的直线段 C_3 所连接成的折线.

（1）在 Matlab 命令窗口输入：

```
clc
clear
```

```
syms t
z1 = 0 + 0 * i;
z2 = 1 + 1 * i;
z = z1 + t * (z2 - z1);
f = z;
fdz = f * diff(z,t);
inc = int(fdz,t,0,1)
```

执行结果：

```
inc =
1i
```

（2）在 Matlab 命令窗口输入：

```
clc
clear
syms t
A = 0 + 0 * i;
B = 1 + 0 * i;
z1 = A + t * (B - A);
f1 = z1;
fdz1 = f1 * diff(z1,t);
inc1 = int(fdz1,t,0,1)
C = 1 + 0 * i;
D = 1 + i;
z2 = C + t * (D - C);
f2 = z2;
fdz2 = f2 * diff(z2,t);
inc2 = int(fdz2,t,0,1)
inc = inc1 + inc2
```

执行结果：

```
inc1 =
1/2
inc2 =
- 1/2 + 1i
inc =
1i
```

[例 3.1.3] 计算$\oint_C \frac{1}{(z-z_0)^{n+1}}\mathrm{d}z$，其中曲线 C 为以 z_0 为中心，r 为半径的正向圆周，n 为整数.

在 Matlab 命令窗口输入：

```
clc
clear
syms t r x0 y0 n
n = 1 % n = 0,1,2,.....
z0 = x0 + i * y0;
x = x0 + r * cos(t);
y = y0 + r * sin(t);
z = x + i * y;
f = 1/(z - z0)^(n + 1);
fdz = f * diff(z,t);
inc = int(fdz,t,0,2 * pi)
```

执行结果：

```
n =
   1
inc =
0
```

[例 3.1.4] 求积分 $\oint_{|z-z_0|=r} \frac{1}{z-z_0}\mathrm{d}z$.

在 Matlab 命令窗口输入：

```
clc
clear
syms t r x0 y0 n
n = 0
z0 = x0 + i * y0;
x = x0 + r * cos(t);
y = y0 + r * sin(t);
z = x + i * y;
f = 1/(z - z0)^(n + 1);
fdz = f * diff(z,t);
inc = int(fdz,t,0,2 * pi)
```

执行结果：

```
n =
   0
inc =
pi * 2i
```

[例 3.2.1] 计算 $\oint_{|z|=1} e^z dz$.

在 Matlab 命令窗口输入：

```
clc
clear
syms t
x0 = 0;
y0 = 0;
r = 1;
z0 = x0 + i * y0;
x = x0 + r * cos(t);
y = y0 + r * sin(t);
z = x + i * y;
f = exp(z);
fdz = f * diff(z,t);
inc = int(fdz,t,0,2 * pi)
```

执行结果：

```
inc =
0
```

[例 3.2.2] 计算 $\oint_{|z|=1} \frac{1}{z+2} dz$.

在 Matlab 命令窗口输入：

```
clc
clear
syms t
x0 = 0;
y0 = 0;
r = 1;
z0 = x0 + i * y0;
x = x0 + r * cos(t);
y = y0 + r * sin(t);
z = x + i * y;
```

```
f = 1/(z + 2);
fdz = f * diff(z,t);
inc = int(fdz,t,0,2 * pi)
```

执行结果：

```
inc =
0
```

［例 3.3.1］ 计算$\oint_{\Gamma}\frac{1}{z-1}\mathrm{d}z$，其中$\Gamma$为包含$|z|=2$在内的任何正向简单闭曲线.

在 Matlab 命令窗口输入：

```
clc
clear
syms t
x0 = 1;
y0 = 0;
r = 0.1;
z0 = x0 + i * y0;
x = x0 + r * cos(t);
y = y0 + r * sin(t);
z = x + i * y;
f = 1/(z - 1);
fdz = f * diff(z,t);
inc = int(fdz,t,0,2 * pi)
```

执行结果：

```
inc =
pi * 2i
```

［例 3.3.2］ 计算$\oint_{\Gamma}\frac{2z-1}{z^2-z}\mathrm{d}z$，其中$\Gamma$为包含$|z|=1$在内的任何正向简单闭曲线.

在 Matlab 命令窗口输入：

```
clc
clear
syms t
x01 = 0;
y01 = 0;
```

```
r01 = 0.3;
z01 = x01 + i * y01;
x1 = x01 + r01 * cos(t);
y1 = y01 + r01 * sin(t);
z1 = x1 + i * y1;
f = (2 * z1 - 1)/(z1^2 - z1);
fdz = f * diff(z1,t);
inc1 = int(fdz,t,0,2 * pi)
x02 = 1;
y02 = 0;
r02 = 0.3;
z2 = x02 + i * y02;
x2 = x02 + r02 * cos(t);
y2 = y02 + r02 * sin(t);
z2 = x2 + i * y2;
f = (2 * z2 - 1)/(z2^2 - z2);
fdz = f * diff(z2,t);
inc2 = int(fdz,t,0,2 * pi)
inc = inc1 + inc2
```

执行结果：

```
inc1 =
pi * 2i
inc2 =
pi * 2i
inc =
pi * 4i
```

[例 3.4.1] 计算 $\int_0^i z\cos z dz$.

在 Matlab 命令窗口输入：

```
clc
clear
syms z
f = z * cos(z);
inc = int(f,z,0,i)
```

执行结果：

```
inc =
```

```
exp(-1)-1
```

[例 3.4.2] 计算 $\int_0^{i} z\mathrm{d}z$.

在 Matlab 命令窗口输入：

```
clc
clear
syms z
f=z;
inc=int(f,z,0,i)
```

执行结果：

```
inc=
-1/2
```

[例 3.5.1] 计算 $\oint_{|z|=2} \frac{\sin z}{z}\mathrm{d}z$.

在 Matlab 命令窗口输入：

```
clc
clear
syms z z0 n
z0=0;
n=1;
f=sin(z)/(z-z0)^n
fenzi=f*(z-z0)^n
dn=diff(fenzi,z,n-1);
inc=subs(dn,z,z0)*2*pi*i/factorial(n-1)
```

执行结果：

```
f=
sin(z)/z
fenzi=
sin(z)
inc=
  0
```

[例 3.5.2] 计算 $\oint_{|z|=4} \left(\frac{1}{z+1}+\frac{2}{z-3}\right)\mathrm{d}z$.

在 Matlab 命令窗口输入：

```
clc
clear
syms t
x0 = 0;
y0 = 0;
r = 4;
z0 = x0 + i * y0;
x = x0 + r * cos(t);
y = y0 + r * sin(t);
z = x + i * y;
f = 1/(z + 1) + 2/(z - 3);
fdz = f * diff(z,t);
inc = int(fdz,t,0,2 * pi)
```

执行结果:

```
inc =
6 * pi * i
```

[例 3.5.3] 计算 $\oint\limits_{|z-3|=1} \frac{1}{9-z^2}\mathrm{d}z.$

在Matlab命令窗口输入:

```
clc
clear
syms t
x0 = 3;
y0 = 0;
r = 1;
z0 = x0 + i * y0;
x = x0 + r * cos(t);
y = y0 + r * sin(t);
z = x + i * y;
f = 1/(9 - z^2);
fdz = f * diff(z,t);
inc = int(fdz,t,0,2 * pi)
```

执行结果:

```
inc =
- (pi * 1i)/3
```

或者

在 Matlab 命令窗口输入：

```
clc
clear
syms z z0
z0 = 3;
f = 1/(9 - z^2)
fenzi = simplify(f * (z - z0))
inc = subs(fenzi,z,z0) * 2 * pi * i
```

执行结果：

```
f =
-1/(z^2 - 9)
fenzi =
-1/(z + 3)
inc =
-(pi * 1i)/3
```

[例 3.5.4] 计算 $\oint_{|z+3|=1} \frac{1}{9-z^2}\mathrm{d}z$.

在 Matlab 命令窗口输入：

```
clc
clear
syms t
x0 = -3;
y0 = 0;
r = 1;
z0 = x0 + i * y0;
x = x0 + r * cos(t);
y = y0 + r * sin(t);
z = x + i * y;
f = 1/(9 - z^2);
fdz = f * diff(z,t);
inc = int(fdz,t,0,2 * pi)
```

执行结果：

```
inc =
(pi * 1i)/3
```

［例 3.5.5］计算 $\oint_{|z|=10} \frac{1}{9-z^2}dz.$

在 Matlab 命令窗口输入：

```
clc
clear
syms t
x0 = 0;
y0 = 0;
r = 10;
z0 = x0 + i * y0;
x = x0 + r * cos(t);
y = y0 + r * sin(t);
z = x + i * y;
f = 1/(9 - z^2);
fdz = f * diff(z,t);
inc = int(fdz,t,0,2 * pi)
```

执行结果：

```
inc =
0
```

［例 3.6.1］计算 $\oint_{|z|=2} \frac{\cos(\pi z)}{(z-1)^5}dz.$

在 Matlab 命令窗口输入：

```
clc
clear
syms z z0 n
z0 = 1;
n = 5;
f = cos(pi * z)/(z - z0)^n
fenzi = f * (z - z0)^n
dn = diff(fenzi,z,n - 1);
inc = subs(dn,z,z0) * 2 * pi * i/factorial(n - 1)
```

执行结果：

```
f =
cos(pi * z)/(z - 1)^5
fenzi =
```

```
cos(pi * z)
inc =
- (pi^5 * 1i)/12
```

［例 3.6.2］计算 $\oint_{|z-1|=1} \frac{1}{(z-1)^3(z+2)^3}dz$.

在 Matlab 命令窗口输入：

```
clc
clear
syms t
x0 = 1;
y0 = 0;
r = 0.1;
z0 = x0 + i * y0;
x = x0 + r * cos(t);
y = y0 + r * sin(t);
z = x + i * y;
f = 1/(z - 1)^3/(z + 2)^3;
fdz = f * diff(z,t);
inc = int(fdz,t,0,2 * pi)
```

执行结果：

```
inc =
(pi * 4i)/81
```

或者

在 Matlab 命令窗口输入：

```
clc
clear
syms z z0 n
z0 = 1;
n = 3;
f = 1/(z - 1)^3/(z + 2)^3
fenzi = f * (z - z0)^n
dn = diff(fenzi,z,n - 1);
inc = subs(dn,z,z0) * 2 * pi * i/factorial(n - 1)
```

执行结果：

```
f =
1/((z - 1)^3 * (z + 2)^3)
fenzi =
1/(z + 2)^3
inc =
(pi * 4i)/81
```

[例 3.6.3] 计算 $\oint\limits_{|z+2|=1} \frac{1}{(z-1)^3(z+2)^3}dz$.

在 Matlab 命令窗口输入:

```
clc
clear
syms t
x0 = - 2;
y0 = 0;
r = 1;
z0 = x0 + i * y0;
x = x0 + r * cos(t);
y = y0 + r * sin(t);
z = x + i * y;
f = 1/(z - 1)^3/(z + 2)^3;
fdz = f * diff(z,t);
inc = int(fdz,t,0,2 * pi)
```

执行结果:

```
inc =
- (pi * 4i)/81
```

或者

在 Matlab 命令窗口输入:

```
clc
clear
syms z z0 n
z0 = - 2;
n = 3;
f = 1/(z - 1)^3/(z + 2)^3
fenzi = f * (z - z0)^n
dn = diff(fenzi,z,n - 1);
```

```
inc = subs(dn,z,z0) * 2 * pi * i/factorial(n - 1)
```

执行结果：

```
f =
1/((z - 1)^3 * (z + 2)^3)
fenzi =
1/(z - 1)^3
inc =
- (pi * 4i)/81
```

［例 3.6.4］计算 $\oint_{|z|=10} \frac{1}{(z-1)^3(z+2)^3}dz.$

在 Matlab 命令窗口输入：

```
clc
clear
syms t
x0 = 0;
y0 = 0;
r = 10;
z0 = x0 + i * y0;
x = x0 + r * cos(t);
y = y0 + r * sin(t);
z = x + i * y;
f = 1/(z - 1)^3/(z + 2)^3;
fdz = f * diff(z,t);
inc = int(fdz,t,0,2 * pi)
```

执行结果：

```
inc =
0
```

［例 3.6.5］计算 $\oint_{|z-1|=1} \frac{e^z}{(z-1)^3(z+2)^3}dz.$

在 Matlab 命令窗口输入：

```
clc
clear
syms z z0 n
z0 = 1;
```

```
n = 3;
f = exp(z)/(z - 1)^3/(z + 2)^3
fenzi = f * (z - z0)^n
dn = diff(fenzi,z,n - 1);
inc = subs(dn,z,z0) * 2 * pi * i/factorial(n - 1)
```

执行结果：

```
f =
exp(z)/((z - 1)^3 * (z + 2)^3)
fenzi =
exp(z)/(z + 2)^3
inc =
(pi * exp(1) * 1i)/81
```

[例 3.7.1] 证明函数 $u(x, y)=y^3-3x^2y$ 为调和函数.

在 Matlab 命令窗口输入：

```
clc
clear
syms x y
u = y^3 - 3 * x^2 * y
udxdx = diff(u,x,2);
udydy = diff(u,y,2);
udxdxjiaudydy = simplify(udxdx + udydy)
if udxdxjiaudydy = = 0
disp('函数 u 是调和函数')
else
disp('函数 u 不是调和函数')
end
```

执行结果：

```
u =
y^3 - 3 * x^2 * y
udxdxjiaudydy =
0
函数 u 是调和函数
```

[例 3.7.2] 验证函数 $u=y^3-3x^2y$，$v=-3xy^2+x^3$ 是调和函数，并且函数 v 是函数 u 的共轭调和函数.

在 Matlab 命令窗口输入：

```
clc
clear
syms x y
u = y^3 - 3 * x^2 * y
udxdx = diff(u,x,2);
udydy = diff(u,y,2);
udxdxjiaudydy = simplify(udxdx + udydy)
if udxdxjiaudydy = = 0
disp('函数 u 是调和函数')
else
disp('函数 u 不是调和函数')
end
v = x^3 - 3 * x * y^2
vdxdx = diff(v,x,2);
vdydy = diff(v,y,2);
vdxdxjiavdydy = simplify(vdxdx + vdydy)
if vdxdxjiavdydy = = 0
disp('函数 v 是调和函数')
else
disp('函数 v 不是调和函数')
end
udxjianvdy = simplify(diff(u,x) - diff(v,y))
udyjiavdx = simplify(diff(u,y) + diff(v,x))
if udxjianvdy~ = 0
    disp('函数 v 不是函数 u 的共轭调和函数')
elseif udyjiavdx~ = 0
     disp('函数 v 不是函数 u 的共轭调和函数')
else
    disp('函数 v 是函数 u 的共轭调和函数')
end
```

执行结果：

```
u =
y^3 - 3 * x^2 * y
udxdxjiaudydy =
0
函数 u 是调和函数
v =
```

```
x^3 - 3 * x * y^2
vdxdxjiavdydy =
0
函数 v 是调和函数
udxjianvdy =
0
udyjiavdx =
0
函数 v 是函数 u 的共轭调和函数
```

[例 3.7.3] 求 $u(x, y)=y^3-3x^2y$ 的共轭调和函数 v，及由 u，v 构成的解析函数 $f(z)=u+\mathrm{i}v$，且满足 $f(0)=0$.

在 Matlab 命令窗口输入：

```
clc
clear
syms x y c x0 y0
x0 = 0;
y0 = 0;
u = y^3 - 3 * x^2 * y
udxdx = diff(u,x,2);
udydy = diff(u,y,2);
udxdxjiaudydy = simplify(udxdx + udydy);
if udxdxjiaudydy = = 0
disp('函数 u 是调和函数')
else
disp('函数 u 不是调和函数')
end
% 求共轭调和函数
udx = diff(u,x);
udy = diff(u,y);
vv = int(udx,y);
vdx = diff(vv,x);
gp = - udy - vdx;
v = int(udx,y) + int(gp,0,x) + c % c 是任意实数
% 验证 v 是调和函数
vdxdx = diff(v,x,2);
vdydy = diff(v,y,2);
vdxdxjiavdydy = simplify(vdxdx + vdydy);
```

```
if vdxdxjiavdydy = = 0
disp('函数 v 是调和函数')
else
disp('函数 v 不是调和函数')
end
f = u + i * v  % 解析函数 f1 = u + iv,没有初值条件
fz0c = subs(f,[x,y],[x0,y0]) % 建立 f(z0) = 0,找到 c 满足的条件
fz00 = subs(f,c,0) % 找到满足初值条件 f(z0) = 0 的解析函数 f
% 验证 v 是 u 的共轭调和函数
udxjianvdy = simplify(diff(u,x) - diff(v,y));
udyjiavdx = simplify(diff(u,y) + diff(v,x));
if udxjianvdy~ = 0
    disp('函数 v 不是函数 u 的共轭调和函数')
elseif udyjiavdx~ = 0
     disp('函数 v 不是函数 u 的共轭调和函数')
else
    disp('函数 v 是函数 u 的共轭调和函数')
end
```

执行结果：

```
u =
y^3 - 3 * x^2 * y
函数 u 是调和函数
v =
x^3 - 3 * x * y^2 + c
函数 v 是调和函数
f =
x^3 * 1i - 3 * x^2 * y - x * y^2 * 3i + y^3 + c * 1i
fz0c =
c * 1i
fz00 =
x^3 * 1i - 3 * x^2 * y - x * y^2 * 3i + y^3
函数 v 是函数 u 的共轭调和函数
```

［例 3.7.4］求 $u(x,\ y)=y^3-3x^2y$ 的共轭调和函数 v，及由 u，v 构成的解析函数 $f(z)=u+\mathrm{i}v$，且满足 $f(0)=0$.

应用不定积分法求解

在 Matlab 命令窗口输入：

```
clc
clear
syms x y z
u = y^3 - 3 * x^2 * y
fdz = factor(diff(u,x) - i * diff(u,y))
fd = 3 * i * z^2 % 人工智能输入函数
f = int(fd,z)
```

执行结果：

```
fdz =
[ -3i, -y+x*1i, -y+x*1i]
fd =
z^2 * 3i
f =
z^3 * 1i
```

附录D　第4章例题 Matlab 实现

```
limit(exp,x,a)       % 求符号表达式 exp 当自变量 x 趋于 a 时的极限.

taylor(f,x,a)        % x 是函数 f 的变量,a 是展开点.
```

[例 4.1.1] 求下列复数列的极限.

(1) $\alpha_n=\left(1+\frac{1}{n}\right)e^{i\frac{\pi}{n}}$;

(2) $\alpha_n=\left(\frac{1}{1-i}\right)^n$.

(1) 在 Matlab 命令窗口输入:

```
clc
clear
syms n
fn = (1 + 1/n) * exp(i * pi/n)
limfn = limit(fn,n,inf)
```

执行结果:

```
fn =
exp((pi * 1i)/n) * (1/n + 1)
limfn =
1
```

(2) 在 Matlab 命令窗口输入:

```
clc
clear
syms n
fn = (1/(1 - i))^n
limfn = limit(fn,n,inf)
```

执行结果:

```
fn =
(1/2 + 1i/2)^n
limfn =
0
```

[例 4.2.1] 求下列幂级数的收敛半径，并考虑收敛情况.

(1) 幂级数为 p $\sum_{n=1}^{\infty}\frac{1}{n^3}z^n$ 并讨论在收敛圆周上的情形；

(2) 幂级数为 $\sum_{n=1}^{\infty}\frac{(z-1)^n}{n}$ 并讨论 $z=0$，2 时的情形；

(3) 幂级数为 $\sum_{n=0}^{\infty}\cos(\mathrm{i}n)z^n$.

(1) 在 Matlab 命令窗口输入：

```
clc
clear
syms n
cn = 1/n^3
cn1 = subs(cn,n,n+1);
f = abs(cn1/cn);
lamd = limit(f,n,inf);
R = 1/lamd
```

执行结果：

```
cn =
1/n^3
R =
1
```

(2) 在 Matlab 命令窗口输入：

```
clc
clear
syms n
cn = 1/n
cn1 = subs(cn,n,n+1);
f = abs(cn1/cn);
lamd = limit(f,n,inf);
R = 1/lamd
```

执行结果：

```
cn =
1/n
R =
```

```
1
```

（3）在 Matlab 命令窗口输入：

```
clc
clear
syms n
cn = cos(i * n)
cn1 = subs(cn,n,n + 1);
f = abs(cn1/cn);
lamd = limit(f,n,inf);
R = 1/lamd
```

执行结果：

```
cn =
cos(n * 1i)
R =
exp( - 1)
```

[例 4.2.2] 把$\frac{1}{z-b}$表示成形如 $\sum_{n=0}^{\infty} c_n(z-a)^n$ 的幂级数，其中 a 与 b 是不相等的复数.

在 Matlab 命令窗口输入：

```
clc
clear
syms z b a
f = 1/(z - b)
fn = taylor(f,z,a)
pretty(fn)
```

执行结果：

```
f =
- 1/(b - z)
fn =
(a - z)^2/(a - b)^3 + (a - z)^3/(a - b)^4 + (a - z)^4/(a - b)^5 + (a - z)^5/(a - b)^6 + (a -
z)/(a - b)^2 + 1/(a - b)
```

[例 4.2.3] 将函数$\frac{1}{1+z}$和$\frac{1}{(1+z)^2}$展成 z 的幂级数.

在 Matlab 命令窗口输入：

```
clc
clear
syms z n
f = 1/(1 + z)
ftaylor = taylor(f)
```

执行结果：

```
f =
1/(z + 1)
ftaylor =
- z^5 + z^4 - z^3 + z^2 - z + 1
```

在 Matlab 命令窗口输入：

```
clc
clear
syms z
f = 1/(1 + z)^2
ftaylor = taylor(f,z,0)
```

执行结果：

```
f =
1/(z + 1)^2
ftaylor =
- 6 * z^5 + 5 * z^4 - 4 * z^3 + 3 * z^2 - 2 * z + 1
```

[例 4.3.1] 求 $f(z)=e^z$ 在 $z=0$ 处的泰勒级数.

在 Matlab 命令窗口输入：

```
clc
clear
syms z
f = exp(z)
ftaylor = taylor(f)
```

执行结果：

```
f =
exp(z)
ftaylor =
z^5/120 + z^4/24 + z^3/6 + z^2/2 + z + 1
```

［例 4.3.2］把函数 $f(z)=\frac{1}{z}$ 在 $z=1$ 处展成泰勒级数.

在 Matlab 命令窗口输入：

```
clc
clear
syms z
f = 1/z
ftaylor = taylor(f,z,1)
```

执行结果：

```
f =
1/z
ftaylor =
(z - 1)^2 - z - (z - 1)^3 + (z - 1)^4 - (z - 1)^5 + 2
```

［例 4.3.3］把函数 $f(z)=\frac{1}{(z+1)(z+2)}$ 在 $z=1$ 处展成泰勒级数.

在 Matlab 命令窗口输入：

```
clc
clear
syms z
f = 1/(1 + z)/(z + 2)
ftaylor = taylor(f,z,1)
```

执行结果：

```
f =
1/((z + 1) * (z + 2))
ftaylor =
(19 * (z - 1)^2)/216 - (5 * z)/36 - (65 * (z - 1)^3)/1296 + (211 * (z - 1)^4)/7776 - (665
* (z - 1)^5)/46656 + 11/36
```

［例 4.3.4］把函数 $f(z)=\frac{1}{z^2}$ 在 $z=-1$ 处展成泰勒级数.

在 Matlab 命令窗口输入：

```
clc
clear
syms z
f = 1/z^2
```

```
ftaylor = taylor(f,z, - 1)
```

执行结果：

```
f =
1/z^2
ftaylor =
2 * z + 3 * (z + 1)^2 + 4 * (z + 1)^3 + 5 * (z + 1)^4 + 6 * (z + 1)^5 + 3
```

［例 4. 4. 1］ 将函数 $f(z)=\dfrac{1}{z(z-1)^2}$写成部分分式.

在 Matlab 命令窗口输入：

```
clc
clear
syms z
f = 1/z/(1 - z)^2
[num den] = numden(expand(f));
num = sym2poly(num);
den = sym2poly(den);
[r p k] = residue(num,den);
A = [r p k]'
formatrat   % 以分数形式表示
% A =
%
%      -1              1              1
%       1              1              0
% 由 A 的前两行写出部分分式,A 的第 1 行为各项系数,第 2 行为极点,从左到右级数升高
ff = ( - 1)/(z - 1) + (1)/(z - 1)^2 + (1)/(z - 0)
% pretty(ff)           % 可以查看通常写法
fff = simplify(ff)     % 验证 fff 是否等于 f
```

执行结果：

```
f =
1/(z * (z - 1)^2)
A =
   -1              1              1
    1              1              0
ff =
1/(z - 1)^2 - 1/(z - 1) + 1/z
```

```
fff =
1/(z * (z - 1)^2)
```

［例 4.4.2］把函数 $f(z)=\frac{1}{z(1-z)}$ 在圆环域 $0<|z|<1$ 内展成 z 的级数.

在 Matlab 命令窗口输入：

```
clc
clear
syms z
f = simplify(1/z/(1 - z))
[num den] = numden(expand(f));
num = sym2poly(num);
den = sym2poly(den);
[r p k] = residue(num,den);
A = [r p k]'
format rat
f1 = ( - 1)/(z - 1);
f2 = 1/(z - 0);
ff = f1 + f2;
fff = simplify(ff)
w = taylor(f1,z,0);
luol = w + f2
```

执行结果：

```
f =
- 1/(z * (z - 1))
A =
   - 1              1
     1              0
fff =
1/z - 1/(z - 1)
luol =
z + 1/z + z^2 + z^3 + z^4 + z^5 + 1
```

［例 4.4.3］把函数 $f(z)=\frac{e^z}{z^2}$ 在圆环域 $0<|z|<+\infty$ 内展开成形如 $\sum_{n=-\infty}^{+\infty} c_n z^n$ 的洛朗级数.

在 Matlab 命令窗口输入：

```
clc
clear
syms z
format rat
 x0 = 0;
 y0 = 0;
 z0 = x0 + i * y0;
 p = -3;
 j = 1;
for n = p:3
     if n>p
     n;
     f = exp(z)/z^(n + 3);
     fenzi = f * (z - z0)^(n + 3);
     dn = diff(fenzi,z,n + 2);
     xishu(j) = subs(dn,z,z0)/factorial(n + 2);
     d(j) = (z - z0)^n;
     j = j + 1;
    end
end
xishu
d
luolgx = d. * xishu
zhijie = simplify(sum(luolgx(1,:)))        %直接法,计算各项系数
jianjie = simplify(taylor(exp(z))/z^2)  %间接法
```

执行结果:

```
xishu =
[1, 1, 1/2, 1/6, 1/24, 1/120]
d =
[1/z^2, 1/z, 1, z, z^2, z^3]
luolgx =
[1/z^2, 1/z, 1/2, z/6, z^2/24, z^3/120]
zhijie =
(z^5 + 5 * z^4 + 20 * z^3 + 60 * z^2 + 120 * z + 120)/(120 * z^2)
jianjie =
(z^5/120 + z^4/24 + z^3/6 + z^2/2 + z + 1)/z^2
```

[例 4.4.4] 将函数 $f(z)=\dfrac{1}{(z-1)(z-2)}$ 分别在圆环域①$0<|z|<1$；②$1<|z|<2$；③$2<|z|<+\infty$内展成形如 $\sum\limits_{n=-\infty}^{+\infty} c_n z^n$ 的洛朗级数.

(1) 在 Matlab 命令窗口输入：

```
clc
clear
syms z b
f = simplify(1/(z - 1)/(z - 2))
[num den] = numden(expand(f));
num = sym2poly(num);
den = sym2poly(den);
[r p k] = residue(num,den);
A = [r p k]'
format rat
f1 = A(1,1)/(z - A(2,1));
f2 = A(1,2)/(z - A(2,2));
ff = f1 + f2;
fff = simplify(ff)
f11 = taylor(f1,z,0);
f22 = taylor(f2,z,0);
luo1 = f11 + f22
```

执行结果：

```
f =
1/((z - 1) * (z - 2))
A =
   1              -1
   2               1
fff =
1/(z - 2) - 1/(z - 1)
luo1 =
(63 * z^5)/64 + (31 * z^4)/32 + (15 * z^3)/16 + (7 * z^2)/8 + (3 * z)/4 + 1/2
```

(2) 在 Matlab 命令窗口输入：

```
clc
clear
syms z b
```

```
f = simplify(1/(z-1)/(z-2))
[num den] = numden(expand(f));
num = sym2poly(num);
den = sym2poly(den);
[r p k] = residue(num,den);
A = [r p k]'
format rat
% 由A的前两行写出部分分式,A的第1行为各项系数,第2行为极点,从左到右级数升高
f1 = A(1,1)/(z-A(2,1))
f2 = A(1,2)/(z-A(2,2))
ff = f1 + f2;
fff = simplify(ff) % 验证fff是否等于f
% 当1<abs(z)<2
f1111 = taylor(f1,z,0);
f22 = subs(f2,z,1/b);
f222 = taylor(f22,b,0);
f2222 = subs(f222,b,1/z);
luo2 = f1111 + f2222
```

执行结果：

```
f =
1/((z-1)*(z-2))
A =
    1          -1
    2           1
f1 =
1/(z-2)
f2 =
-1/(z-1)
fff =
1/(z-2) - 1/(z-1)
luo2 =
- z/4 - 1/z - 1/z^2 - z^2/8 - 1/z^3 - z^3/16 - 1/z^4 - z^4/32 - 1/z^5 - z^5/64 - 1/2
```

（3）在Matlab命令窗口输入：

```
clc
clear
syms z b
```

```
f = simplify(1/(z - 1)/(z - 2))
[num den] = numden(expand(f));
num = sym2poly(num);
den = sym2poly(den);
[r p k] = residue(num,den);
A = [r p k]'
format rat
% 由 A 的前两行写出部分分式,A 的第 1 行为各项系数,第 2 行为极点,从左到右级数升高
f1 = A(1,1)/(z - A(2,1));
f2 = A(1,2)/(z - A(2,2));
ff = f1 + f2;
fff = simplify(ff) % 验证 fff 是否等于 f
n = 6;
% 当 2<abs(z)
f11 = subs(f1,z,1/b);
f111 = taylor(f11,b,0);
f1111 = subs(f111,b,1/z);
f22 = subs(f2,z,1/b);
f222 = taylor(f22,b,0);
f2222 = subs(f222,b,1/z);
luo3 = f1111 + f2222
```

执行结果：

```
f =
1/((z - 1) * (z - 2))
A =
   1              - 1
   2                1
fff =
1/(z - 2) - 1/(z - 1)
luo3 =
1/z^2 + 3/z^3 + 7/z^4 + 15/z^5
```

［例 4.4.5］将函数 $f(z)=\dfrac{1}{(z-1)(z-2)}$ 分别在圆环域①$0<|z-1|<1$；②$0<|z-2|<1$ 内展成形如 $\sum\limits_{n=-\infty}^{+\infty} c_n(z-z_0)^n$ 的洛朗级数.

（1）在 Matlab 命令窗口输入：

```
clc
clear
syms z b
f = simplify(1/(z - 1)/(z - 2))
[num den] = numden(expand(f));
num = sym2poly(num);
den = sym2poly(den);
[r p k] = residue(num,den);
A = [r p k]'
format rat
% 由 A 的前两行写出部分分式,A 的第 1 行为各项系数,第 2 行为极点,从左到右级数升高
f1 = A(1,1)/(z - A(2,1));
f2 = A(1,2)/(z - A(2,2));
ff = f1 + f2;
fff = simplify(ff) % 验证 fff 是否等于 f
n = 5;
% abs(z - 1)<1
f11 = subs(f1,z,b + 1);
f111 = taylor(f11,b,0);
f1111 = subs(f111,b,z - 1);
f2222 = f2;
luo1 = f1111 + f2222
```

执行结果:

```
f =
1/((z - 1) * (z - 2))
A =
   1          - 1
   2            1
fff =
1/(z - 2) - 1/(z - 1)
luo1 =
- z - 1/(z - 1) - (z - 1)^2 - (z - 1)^3 - (z - 1)^4 - (z - 1)^5
```

（2）在 Matlab 命令窗口输入:

```
clc
clear
syms z b
```

```
f = simplify(1/(z - 1)/(z - 2))
[num den] = numden(expand(f));
num = sym2poly(num);
den = sym2poly(den);
[r p k] = residue(num,den);
A = [r p k]'
format rat
f1 = A(1,1)/(z - A(2,1));
f2 = A(1,2)/(z - A(2,2));
ff = f1 + f2;
fff = simplify(ff) %   验证 fff 是否等于 f
% abs(z - 2)<1
f22 = subs(f2,z,b + 2);
f222 = taylor(f22,b,0);
f2222 = subs(f222,b,z - 2);
f1111 = f1;
luo2 = f1111 + f2222
```

执行结果：

```
f =
1/((z - 1) * (z - 2))
A =
   1              - 1
   2                1
fff =
1/(z - 2) - 1/(z - 1)
luo2 =
z + 1/(z - 2) - (z - 2)^2 + (z - 2)^3 - (z - 2)^4 + (z - 2)^5 - 3
```

[例 4.4.6] 计算 $\oint_{|z|=2} \frac{\sin z}{z^2} dz$.

在 Matlab 命令窗口输入：

```
clc
clear
syms z m n
m = 2;                   % m = 2, . . . . . . , n - 1
n = 10;
f = sin(z)               % 函数可以换 exp(z),cos(z)
```

```
g1 = 1/z^m
f1 = taylor(f);
f11 = simplify(g1 * f1);
[num den] = numden(f11);
num = sym2poly(num);
den = sym2poly(den);
[xishu1,cishu1] = polydegree(num,z);
[xishu2,cishu2] = polydegree(den,z);
[hangs1 lies1] = size(xishu1);
[hangs2 lies2] = size(xishu2);
n1 = xishu1(1,lies1 - (cishu2 - 1));
n2 = xishu2(1,lies2 - cishu2);
cfy = n1/n2;
inc = 2 * pi * i * cfy
```

执行结果：

```
f =
sin(z)
g1 =
1/z^2
inc =
2 * pi * i
```

调用如下的函数：

```
function [s1,n] = polydegree(p,x)
init = 0;
p0 = p;
while ~isreal(p)p~ = 0
p = diff(p,x);
init = init + 1;
end
init = init - 1;
s = sym([]);
for i = 1:1:init
s(i) = diff(p0,x,init - i + 1)/(factorial(init - i + 1));
p0 = p0 - s(i) * x^(init - i + 1);
end
s1 = [s p0];
```

```
s1 = collect(s1,x);
n = length(s1) - 1;
end
```

[例 4.4.7] 计算 $\oint_{|z|=2} z^m e^{\frac{1}{z}} dz (m \geqslant 1)$.

在 Matlab 命令窗口输入：

```
clc
clear
syms z m n b
n = 10;
for m = 1:3
m                                   % m = 1......n - 2
g1 = z^m;
f = exp(z);
f1 = taylor(f);
f11 = subs(f1,z,1/b);
f111 = subs(f11,b,z);
ff = simplify(g1 * f111);           % ff = z^m * exp(1/z)
[num den] = numden(ff);
num = sym2poly(num);
den = sym2poly(den);
[xishu1,cishu1] = polydegree(num,z);
[xishu2,cishu2] = polydegree(den,z);
[hangs1 lies1] = size(xishu1);
[hangs2 lies2] = size(xishu2);
n1 = xishu1(1,lies1 - cishu2 + 1);
n2 = xishu2(1,lies2 - cishu2);
cfy = n1/n2;
inc = cfy * 2 * pi * i
end
```

执行结果：

```
m =
    1
inc =
pi * 1i
m =
```

```
  2
inc =
(pi * 1i)/3
m =
  3
inc =
(pi * 1i)/12
```

[例4.4.8] 计算 $\oint_{|z|=2} \frac{z}{1-z} e^{\frac{1}{z}} dz.$

在Matlab命令窗口输入：

```
clc
clear
syms z m b a
f = exp(z);
f1 = taylor(f);
f11 = subs(f1,z,1/b);
f111 = subs(f11,b,z)
g = z/(1 - z);
g1 = simplify(subs(g,z,1/a));
g11 = taylor(g1,a,0);
g111 = subs(g11,a,1/z)
ff = simplify(g111 * f111);        % ff = z * exp(1/z)/(1 - z)
[num den] = numden(ff);
num = sym2poly(num);
den = sym2poly(den);
[xishu1,cishu1] = polydegree(num,z);
[xishu2,cishu2] = polydegree(den,z);
[hangs1 lies1] = size(xishu1);
[hangs2 lies2] = size(xishu2);
n1 = xishu1(1,lies1 - cishu2 + 1);
n2 = xishu2(1,lies2 - cishu2);
cfy = n1/n2;
inc = cfy * 2 * pi * i
```

执行结果：

```
f111 =
1/z + 1/(2 * z^2) + 1/(6 * z^3) + 1/(24 * z^4) + 1/(120 * z^5) + 1
```

```
g111 =
- 1/z - 1/z^2 - 1/z^3 - 1/z^4 - 1/z^5 - 1
inc =
- pi * 4i
```

附录E　第5章例题 Matlab 实现

［例 5.1.1］求下列函数的奇点并判断类型.

（1）$f_1(z)=\dfrac{\sin z}{z}$；

（2）$f_2(z)=\dfrac{\sin z}{z^2}$；

（3）$f_3(z)=e^{\frac{1}{z}}$.

在 Matlab 命令窗口输入：

```
clc
clear
syms z b
f1 = sin(z);
f2 = sin(z);
f3 = exp(z);
f11 = simplify(1/z * taylor(f1))
f22 = simplify(1/z^3 * taylor(f2))
f33 = taylor(f3);
f333 = subs(f33,z,1/b);
f3333 = subs(f333,b,z)
```

执行结果：

```
f11 =
z^4/120 - z^2/6 + 1
f22 =
(z^4 - 20 * z^2 + 120)/(120 * z^2)
f3333 =
1/z + 1/(2 * z^2) + 1/(6 * z^3) + 1/(24 * z^4) + 1/(120 * z^5) + 1
```

［例 5.1.2］讨论如下函数当 $z\to 0$ 时的极限.

（1）$f_1(z)=\dfrac{\sin z}{z}$；

（2）$f_2(z)=\dfrac{\sin z}{z^2}$；

（3）$f_3(z)=e^{\frac{1}{z}}$.

在 Matlab 命令窗口输入：

```
clc
clear
syms z
f1 = sin(z)/z
f2 = sin(z)/z^2
f3 = exp(1/z)
f11 = limit(f1,z,0)
f22 = limit(f2,z,0)
f33 = limit(f3,z,0)
```

执行结果：

```
f1 =
sin(z)/z
f2 =
sin(z)/z^2
f3 =
exp(1/z)
f11 =
1
f22 =
NaN
f33 =
NaN
```

[例 5.1.3] 判别函数 $f(z)=\frac{\sin z}{z(z-2)^2}$ 的有限孤立奇点类型.

在 Matlab 命令窗口输入：

```
clc
clear
syms z
z0 = 0
f = sin(z)/z/(z - 2)^2
lim = limit(f,z,z0)
```

执行结果：

```
z0 =
    0
```

```
f =
sin(z)/(z * (z - 2)^2)
lim =
1/4
```

对于极点情形，可以编写函数 OrderofPole，然后调用该函数.

```
function [k] = OrderofPole(f, z0)
syms z x
for k = 0:100
  fk = f * (z - z0)^k;
  if isempty(symvar(fk))
     r = 0;
  else
     if z0 = = 0
        r = limit(fk, z0);
     else
        r = limit(subs(fk, z, z0 * x), 1);
     end
  end

  if ~(isinf(r) || isnan(r))
     break;
  end
end
end
```

在 Matlab 命令窗口输入：

```
clc
clear
syms z
z0 = 2
f = sin(z)/z/(z - 2)^2
k = OrderofPole(f,z0)   % 返回极点的级数
```

执行结果：

```
z0 =
   2
f =
```

```
sin(z)/(z * (z - 2)^2)
k =
   2
```

[例 5.1.4] 设 $f(z)=z-\sin z$，问 $z=0$ 是 $f(z)$ 的几级零点？

在 Matlab 命令窗口输入：

```
clc
clear
syms z
f = z - sin(z)
z0 = 0
n = 10;
for j = 1:n
    d(j) = diff(f,j);
end
fj0 = subs(d,z,z0);
w = find(fj0~ = 0);
k = w(1)
disp('级零点')
```

执行结果：

```
f =
z - sin(z)
z0 =
    0
k =
    3
级零点
```

[例 5.1.6] 判别函数 $f(z)=\dfrac{e^z-1}{z^3}$的有限孤立奇点类型.

在 Matlab 命令窗口输入：

```
clc
clear
syms z
fenzi = exp(z) - 1
fenmu = z^3
z0 = 0
```

```
n = 10;
for j = 1:n
    fzi(j) = diff(fenzi,j);
    fmu(j) = diff(fenmu,j);
end
fj0fz = subs(fzi,z,z0);
w1 = find(fj0fz~ = 0);
k1 = w1(1);
fj0fm = subs(fmu,z,z0);
w2 = find(fj0fm~ = 0);
k2 = w2(1);
k = abs(k1 - k2)
if k1>k2
    disp('k 级零点')
elseif k1<k2
   disp('k 级极点')
else
    disp('再次判定')
end
```

执行结果：

```
fenzi =
exp(z) - 1
fenmu =
z^3
z0 =
    0
k =
    2
k 级极点
```

[例 5.2.3] 设 $f(z)=\frac{1}{z(z+1)(z+4)}$，求 $\mathrm{Res}[f(z),\ 0]$ 和 $\mathrm{Res}[f(z),\ -1]$.

在 Matlab 命令窗口输入：

```
clc
clear
syms z z0 z1
z0 = 0;
```

```
z1 = -1;
f = 1/z/(z+1)/(z+4)
Res1 = limit(f*(z-z0),z,z0)
Res2 = limit(f*(z-z1),z,z1)
```

执行结果：

```
f =
1/(z*(z+1)*(z+4))
Res1 =
1/4
Res2 =
-1/3
```

［例 5.2.4］设 $f(z)=\frac{e^z}{z^3}$，求 $\text{Res}[f(z),\ 0]$.

在 Matlab 命令窗口输入：

```
clc
clear
syms z z0
z0 = 0
f = exp(z)/z^3
f2 = diff((z-z0)^3*f,2);
Res = limit(f2,z,z0)/factorial(2)
```

执行结果：

```
z0 =
    0
f =
exp(z)/z^3
Res =
1/2
```

［例 5.2.5］ 设 $f(z)=\frac{z}{z^4-1}$，求 $\text{Res}[f(z),\ 1]$.

在 Matlab 命令窗口输入：

```
clc
clear
syms z
z0 = 1
```

```
f = z/(z^4 - 1)
Res = limit(f * (z - z0),z,z0)
```

执行结果：

```
z0 =
    1
f =
z/(z^4 - 1)
Res =
1/4
```

[例 5.2.6] 设 $f(z)=\dfrac{z}{z^4-1}$，计算 $\mathrm{Res}[f(z),\ \infty]$.

在 Matlab 命令窗口输入：

```
clc
clear
syms z b
f = z/(z^4 - 1)
f1 = subs(f,z,1/b);
f11 = simplify(subs(f1,b,z)/z^2 * ( - 1))
lim = limit(f11,z,0)
```

执行结果：

```
f =
z/(z^4 - 1)
f11 =
z/(z^4 - 1)
lim =
0
```

编写函数 Residue,然后调用该函数.

```
function[r,k] = Residue(f,z0)
syms z x
for m = 1:length(z0)
    k(m) = OrderofPole(f,z0(m));
    if k(m)>0
        fk = diff(f * (z - z0(m))^k(m),k(m) - 1);
        if z0(m) = = 0
```

```
            r(m) = limit(fk,z0(m));
        else
            r(m) = limit(subs(fk,z,z0(m) * x),1);
        end
        r(m) = r(m)/factorial(k(m) - 1);
    end
end
end
```

[例 5.2.7] 计算 $\oint_{|z|=2} \frac{\sin z}{z(z-1)}dz$.

在 Matlab 命令窗口输入：

```
clc
clear
syms z
f = sin(z)/z/(z - 1)
[fenzi,fenmu] = numden(f);
qid = solve(fenmu)
for j = 1:length(qid)
lim(j) = limit(f,z,qid(j));
end
lim     %判定函数是否有可去奇点
z0 = unique(solve(fenmu));
z0 = z0(find(abs(z0)~ = 0))
[r,k] = Residue(f,z0)
inter = 2 * pi * i * sum(r)
```

执行结果：

```
f =
sin(z)/(z * (z - 1))
qid =
0
1
lim =
[ - 1, NaN]
z0 =
1
r =
```

```
sin(1)
k =
   1
inter =
pi * sin(1) * 2i
```

[例 5.2.8] 计算 $\oint_{|z|=2} \frac{z}{z^4-1}dz$.

在 Matlab 命令窗口输入：

```
clc
clear
syms z
f = z/(z^4 - 1)
[fenzi fenmu] = numden(f);
z0 = unique(solve(fenmu));
z0 = z0(find(abs(z0)<2))
[r,k] = Residue(f,z0)
inter = 2 * pi * i * sum(r)
```

执行结果：

```
f =
z/(z^4 - 1)
z0 =
 - 1
   1
 - 1i
   1i
r =
[ 1/4, 1/4, - 1/4, - 1/4]
k =
    1           1           1           1
inter =
0
```

[例 5.2.9] 计算 $\oint_{|z|=2} \frac{1}{(z+i)^{10}(z-1)(z-3)}dz$.

在 Matlab 命令窗口输入：

```
clc
```

```
clear
syms z
f = 1/(z + i)^10/(z - 1)/(z - 3)
[fenzi fenmu] = numden(f);
z0 = unique(solve(fenmu));
z0 = z0(find(abs(z0)<2))
[r,k] = Residue(f,z0)
inter = 2 * pi * i * sum(r)
```

执行结果：

```
f =
1/((z - 1) * (z - 3) * (z + 1i)^10)
z0 =
  1
 - 1i
r =
[ 1i/64, 779/156250000 - 4882931i/312500000]
k =
   1     10
inter =
pi * (237/312500000 + 779i/78125000)
```

［例 5.3.1］ 计算 $I=\int_0^{2\pi}\frac{1}{1-2b\cos\theta+b^2}\mathrm{d}\theta, 0<b<1.$

在 Matlab 命令窗口输入：

```
clc
clear
syms z b c
g = 1/(1 - 2 * b * c + b^2);
f1 = simplify(subs(g,c,(z^2 + 1)/z/2)/i/z);
[fenzi fenmu] = numden(f1)
qid = solve(fenmu)
z0 = b;
f = fenzi/fenmu;
res = limit((z - z0) * f,z,z0)
inc = 2 * pi * i * res
```

执行结果：

```
fenzi =
 - 1i
fenmu =
b^2 * z - b * z^2 - b + z
qid =
  b
1/b
res =
1i/(b^2 - 1)
inc =
- (2 * pi)/(b^2 - 1)
```

[例 5.3.2] 计算 $I=\int_{-\infty}^{+\infty}\frac{x^2}{(x^2+a^2)(x^2+b^2)}\mathrm{d}x(a>0,b>0)$.

在 Matlab 命令窗口输入：

```
clc
clear
syms z a b
f1 = z^2/((z^2 + a^2) * (z^2 + b^2))
[fenzi fenmu] = numden(f1);
qid = solve(fenmu)
z0 = a * i;
z1 = b * i;
res1 = limit((z - z0) * f1,z,z0);
res2 = limit((z - z1) * f1,z,z1);
jf = simplify(2 * pi * i * (res1 + res2))
```

执行结果：

```
f1 =
z^2/((a^2 + z^2) * (b^2 + z^2))
qid =
- a * 1i
  a * 1i
- b * 1i
  b * 1i
jf =
pi/(a + b)
```

[例 5.3.3] 计算 $I=\int_0^{+\infty}\frac{x\sin x}{x^2+b^2}\mathrm{d}x(b>0)$.

在 Matlab 命令窗口输入：

```
clc
clear
syms z b
f1 = z/(z^2 + b^2)
[fenzi fenmu] = numden(f1);
qid = solve(fenmu);
z0 = b * i;
res = limit((z - z0) * f1 * exp(i * z),z,z0);
inc = imag(2 * pi * i * res);
jf = inc/2
```

执行结果：

```
f1 =
z/(b^2 + z^2)
jf =
(pi * real(exp( - b)))/2
```

参考文献

[1] 西安交通大学高等数学教研室．工程数学　复变函数．北京：高等教育出版社，1996.
[2] 杨纶标，郝志峰．复变函数，北京：科学出版社，2003.
[3] 盖云英，包革军．复变函数与积分变换，北京：科学出版社，2001.
[4] 余家荣．复变函数．北京：高等教育出版社，2000.
[5] 钟玉泉．复变函数论．北京：高等教育出版社，2013.
[6] 李红，谢松法．复变函数与积分变换．北京：高等教育出版社，2018.